普通高等教育"十三五"规划教材

电气技能基础训练

主编　张宁　李宗平

中国水利水电出版社
www.waterpub.com.cn
·北京·

内 容 提 要

本书在总结长期教学实践经验、分析研究各类不同实验教材的基础上，吸收现有教材优点，针对高等院校农业工程类学科的要求进行编写。本书引入电气基础理论与实验证明并进的写作方法，坚持教材的理论完整性和逻辑性，从电工、模拟电子、数字电子和电力拖动入手，结合理论指导和实践操作，强调通过电气技能训练深入领略电气理论的精髓，主要内容包括实验基础、电工与电路实验、模拟电子技术实验、数字电子技术实验、综合训练和电力拖动实验。

本书适用于电气工程及自动化、农业机械化工程及自动化、农业信息技术、热能与动力工程、水利水电工程等农业工程学科专业的课程教学，也可作为非电专业学生和农村电气从业人员自学教材使用。

图书在版编目（ＣＩＰ）数据

电气技能基础训练 / 张宁，李宗平主编. -- 北京：
中国水利水电出版社，2018.7
普通高等教育"十三五"规划教材
ISBN 978-7-5170-6646-0

Ⅰ. ①电… Ⅱ. ①张… ②李… Ⅲ. ①电工技术－高
等学校－教材 Ⅳ. ①TM

中国版本图书馆CIP数据核字(2018)第201708号

书　　　名	普通高等教育"十三五"规划教材 **电气技能基础训练** DIANQI JINENG JICHU XUNLIAN
作　　　者	张宁　李宗平　主编
出 版 发 行	中国水利水电出版社 （北京市海淀区玉渊潭南路 1 号 D 座　100038） 网址：www. waterpub. com. cn E-mail：sales@ waterpub. com. cn 电话：（010）68367658（营销中心）
经　　　售	北京科水图书销售中心（零售） 电话：（010）88383994、63202643、68545874 全国各地新华书店和相关出版物销售网点
排　　　版	中国水利水电出版社微机排版中心
印　　　刷	天津嘉恒印务有限公司
规　　　格	184mm×260mm　16 开本　9 印张　214 千字
版　　　次	2018 年 7 月第 1 版　2018 年 7 月第 1 次印刷
印　　　数	0001—3000 册
定　　　价	**24.00** 元

前　言

为了培养电气人才实践教学的创新思维能力，电气技能基础训练需要依靠坚实的理论基础，精湛的专业技能，独特的思维方式。电气技能基础训练是在电工、电子技术和电力拖动一系列电气基础课程教学中，进行实验和基本技能训练的实践性教学中的一个非常重要环节，是高等院校电气实践课程的一个重要组成部分。本书在总结长期教学实践经验，分析研究各类不同实验教材的基础上，吸收现有教材优点，针对高等院校农业工程类学科的要求进行编写，以补充知识结构中的薄弱环节，解决长期以来理论教学缺乏系统完善的实践指导教材的问题。

本书引入电气基础理论与实验证明并进的写作方法，坚持教材的理论完整性和逻辑性，从电工、模拟电子、数字电子和电力拖动入手，结合理论指导和实践操作，强调通过电气技能训练深入领略电气理论的精髓。教材内容精选出最能代表电气技能训练的方法，着重对传统电气基本实验与新型电气技能训练方法进行系统的讲解。实验编写根据具体实验内容设有预习要求、实验报告、思考题、讨论题、实验注意事项和故障分析等环节。

全书分为六章，主要包括实验基础、电工与电路实验、模拟电子技术实验、数字电子技术实验、综合训练和电力拖动实验。从电气技术实验基本要求和安全操作规程入手，围绕电工、电子和电机，进行基本电工仪表的使用及测量误差分析、基尔霍夫定律的验证、三相交流电路电压和电流的测量、晶体管共射极放大器实验、串联型晶体管直流稳压电源实验、组合逻辑电路设计、计数和译码电路实验、超外差式收音机的安装与调试、机床工作台往返循环控制、X62W铣床模拟控制和调试分析等操作。

本书得到陕西省重点教改项目——服务"一带一路"的水利类复合型、创新型人才培养模式研究，西安市科技计划项目农业科技创新计划（NC1504（1））的支持，由西北农林科技大学和天煌科技实业有限公司联合组织。由张宁、李宗平任主编，陈帝伊、王红雨任副主编。各章编写分工如下：第一章由陈帝伊、王红雨编写，第二、三、四、五章由李宗平编写，第六章由张宁编写。其他参编人员有王孝俭、谭亲跃、陈春国、王少坤等。全书由张宁统稿。

由于编者学识有限，书中难免存在失误和疏漏之处，敬请广大读者不吝批评指正。

编　者

2018 年 4 月

目 录

第一章 实 验 基 础

一、概述

电气技能基础训练是电工、电子技术一系列课程教学中，进行实验和基本技能训练的实践性教学的一个非常重要环节，是高等院校电工、电子技术课程的一个重要组成部分。其实践技能训练的目的如下：

（1）配合课堂教学内容，验证、巩固和深化理解所学的理论知识。

（2）进行实验基本技能训练，使学生能正确使用和操作常用的电工、电子仪器、仪表及设备，掌握一般的电工、电子测量技术，为今后进行科学实验打下扎实的基础，同时进一步提高操作技能。

（3）学会处理实验数据，分析实验结果，撰写实验报告。

（4）培养严谨、实事求是的科学态度和一丝不苟的工作作风，养成自觉遵守安全操作规程、安全用电和节约用电的良好习惯。

二、实验的基本步骤和要求

1. 实验前的准备工作

（1）认真预习实验指导书，明确实验目的、原理和任务。

（2）复习与实验有关的理论知识，设计或分析实验线路图，写出实验步骤，画出数据记录表格。

（3）实验前对实验中可能产生的数据应有粗略的估计，做到实验时心中有数，避免产生错误数据，少走弯路。

（4）对初次使用的仪器、仪表，要了解其工作原理、基本性能和使用方法。

准备工作要求在实验前1天完成。

2. 实验操作程序

良好的操作习惯和严谨、认真的工作作风是确保实验、实训顺利进行的前提，因此必须按实验操作程序进行。

（1）学生进入实验室后应按自己的小组座位就座。实验应在任课老师和实验老师的指导下进行。

（2）实验前要对照实验内容，清点实验器材，并了解所使用仪器的使用方法。要认真听老师讲解实验规范和要求，观察老师演示操作方法，做好笔记，避免违章操作。

（3）接线前要合理布局，尤其是使用的仪器、仪表、电器或电子元件和设备，以便于操作和数据的读取。

（4）正确连接电路。

1）导线的长短和两端接头的种类选择要合适。

2）连接导线应尽可能少用，并力求简洁清楚，尽量避免导线间的交叉及重复接线。

3）接头要紧固，每个接线柱上一般只允许安装 2 根导线。

4）接线的原则一般应按照先接串联电路，再接并联电路；先接主电路，再接辅助电路，最后接通电源电路的顺序进行。

5）电路接好后，先由同组同学进行检查，再经指导教师复查后，方可通电进行实验。

（5）合理选择仪表的量程。先估计被测量值的大小，选择适当的量程。对不能估计的被测量进行测量时，仪表应选择最大量程，在测量过程中再根据实际被测数据的大小选择合适的量程，但必须注意，在测量过程中不要转换仪表的量程。对指针式仪表的读数，一般应在刻度尺的 2/3 以上区域为合适，切记测量前必须对指针进行机械调零。

（6）正确读取实验数据。读数时视线应垂直于指针面板，并注意仪表的量程和单位，读取多少个数据应视具体情况而定。

（7）做好实验记录。记录项目包括仪器、仪表及设备的规格、型号，被测量的名称、单位及数值。

（8）注意人身及设备安全。实验中要严格按照《电工电子实验安全操作规程》进行操作，确保操作人员的人身安全及所使用的设备安全。

（9）做好整理工作。实验操作完毕，应将结果检查后送交老师复查，经老师许可后方能拆除线路，并将仪器仪表及设备和工具、导线整理摆放整齐，才可离开实验室。

3. 实验安全事项

由于电工电子实验有一定的潜在危险性，因此在整个实验过程中要严格按照《电工电子实验安全操作规程》进行操作。其操作规程规定如下：

（1）接线前必须仔细检查所用的仪器、仪表和设备的规格是否正确，在未熟悉其使用方法前不得使用。

（2）任何线路的连接和改动必须在断电情况下进行，而且必须经过老师检查后才可接通电源，通电前必须确知所用电源电压的数值。

（3）接通电源以前必须通知在场的所有人员，确认无人接触导电部分后方可通电。

（4）接通电源后不能触及电压高于 24V 的带电部分，而且不可离开实验台。

（5）接通电源应用一只手操作，合闸要迅速并使开关接触紧密，同时眼睛要观察各仪表及电路的各个部分，注意有无异常现象发生、仪表读数和各元器件是否正常，如发现异状，应立即切断电源。

（6）电路通电后，应经常注意仪表的读数及电路的工作状态，如有熔体熔断，电路发生火花、异味、冒烟、响声等现象，仪器出现调节失灵、读数过大、电阻过热等异常情况时，应立即切断电源，保持现状，并报告老师，在查出并清除产生故障的根源后，才可重新通电。

（7）在进行任何操作以前，都必须仔细考虑将会产生的后果，不得盲目操作。电路中电压、电阻的调节应仔细、缓慢地进行，不可突然改变。

（8）使用金属外壳的仪器、设备时，应将外壳妥善接地。电容器用毕，拆除后应立即放电。

（9）取用仪器、仪表要轻拿轻放，以免损坏。在使用仪器、仪表测量或调试过程中不得随意扳动开关和旋钮，以免损坏仪器。

（10）仪器或仪表使用完毕，要将各种旋钮恢复原位或零位，关闭电源开关。

（11）元件上机焊接前，必须先检查其是否合格，然后再刮腿、上锡、整形，最后上机焊接，不得超越程序。

（12）一般元件的焊接应选择 20～25W 的电烙铁，不要太大，也不要太小，以免损坏元件和造成虚焊或假焊。

（13）电烙铁使用前，要检查是否漏电，以免发生事故。

（14）焊接时要用镊子夹住元件的腿，帮助散热，焊接时间不要太长，以免烧坏元件。焊点要匀，表面光滑明亮，不得有虚焊或假焊现象。

（15）电烙铁不用时要放在烙铁架上，不能随意摆放，以免烧坏实验台和其他物品。

（16）实验完毕后，将电烙铁拔下，待放凉后再收起。

（17）与本次实验无关的其他开关、设备、仪表等不得乱动，未经允许不得靠近电源总控制柜或进入电源室。

（18）要及时填写本次实验情况记录，并由任课老师和实验老师检查验收后方可下课离开。

4. 实验报告要求

实验报告是对整个实验过程的总结，是把实验情况和结果用文字的形式表达出来，因此，实验报告应包括下列内容：

（1）实验名称、编写者姓名、班级、组别及实验日期。

（2）实验目的和要求。

（3）使用的仪表和设备，包括规格、型号、数量及编号。

（4）实验电路图。

（5）实验中记录的数据。

（6）实验计算结果及绘制曲线。

（7）分析与讨论。

拟写实验报告的目的是培养学生的综合分析能力，为此，在拟写实验报告时必须做到以下几点：

（1）实验报告是对实验的总结，必须实事求是独立完成。教材所介绍的实验内容、电路图、仪器设备仅是指导性的，不能一一照抄，而应根据实际实验情况进行编写。

（2）实验记录的数据应重新整理，并填写在实验报告的数据表中。要求计算数据时要写出计算公式和过程，但同类型的计算不必重复写出公式和过程，写出结果即可。

（3）绘制曲线一般采用平面直角坐标系，坐标轴应标出所表示的物理量名称、单位和数值。曲线的图幅以能表达数据的末位数字为宜，曲线上与数据对应的各点应以"·"或"×"号标出，位置要准确。所绘曲线不必通过所有测试点，可将各点分布在曲线两旁，曲线要画得平滑，不能画成折线。

对于若干条有关的曲线，可画在同一坐标系内，以便于分析比较，且每条曲线旁都应注明标题和条件。

（4）讨论是带有分析总结性的，因此，要从以下几方面考虑：

1）回答指导书中的讨论题或老师给定的思考题。

2）分析实验误差。

3）对实验中遇到的意外情况或实验结果中出现的特殊情况，应说明原因并提出解决办法。

4）根据实验结果谈体会，并对实验提出改进意见。

三、测量的基本知识

1. 电流的测量

测量电路中的电流值，要按被测电流的种类及量值大小来选择合适量程的交流电流表或直流电流表，并将电流表串联在被测电路中，以使被测电流通过电流表，如图 1-1 所示。

由于电流表内阻很小，切不可将电流表并联在电路中，以免烧坏电流表。

使用直流电流表时，接线要注意极性，应使被测电流由电流表的正极流向负极，否则指针偏转将无法读数，甚至将指针打弯，电流表损坏。

2. 电压的测量

测量电路电压时，可根据被测电压的性质和高低选择合适的电压表，测量时要将电压表并联到被测电路两端，如图 1-2 所示。

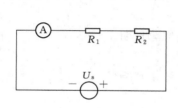

图 1-1 电流的测量

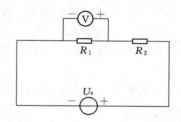

图 1-2 电压的测量

电压表本身内阻很大，不可将电压表串入某一支路，以免影响整个电路的正常工作。

测量直流电压时，还应注意电压表的极性，将正极接被测电压的高电位端，负极接被测电压的低电位端。

3. 功率的测量

测量负载消耗功率的功率表一般是电动式的，它既可测量电路直流功率，也可测量交流有功功率。直流电路中负载所消耗的功率，可用测量负载的电流和电压的乘积求得，而交流电路的功率一般要用功率表进行测量。

使用功率表应根据表上所注明的电压、电流量程，将电流线圈（固定线圈）串联在被测电路中，电压线圈（可动线圈）并联在被测电路两端。图 1-3 中的"＊"端子称为发电机端，接线时一般应将电流线圈和电压线圈的发电机端接在电路的同一极性上。功率表一般有两个电流量限、两个或多个电压量限，以适应测量不同负载功率的需要，表内有两个完全相同的电流线圈，其接线端钮分别引出到表面，可通过金属片将两个电流线圈串联或并联使用，如图 1-4 所示。为了减少测量误差，根据被测负载阻抗的大小，采用不同的接线方法。图

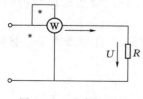

图 1-3 功率的测量

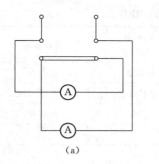 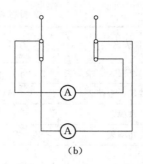

图 1-4 功率表电流线圈接法

(a) 串联接法；(b) 并联接法

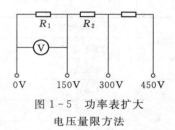

图 1-5 功率表扩大
电压量限方法

1-4（a）适用于负载阻抗较大的测量，图 1-4（b）适用于负载阻抗较小的测量。并联接法时的电流量限是串联时的 2 倍。电压线圈通过串联不同的附加电阻以扩大电压量限，如图 1-5 所示。

由于功率表是多量限的，所以它的标度尺上只标有分格数，在选用不同的电流和电压量限时，每一分格代表的功率数值是不同的，在读数时要注意实际值与指示值的换算关系。若以 C（W/格）表示功率表常数，则有

$$C = \frac{U_\mathrm{m} I_\mathrm{m}}{N_\mathrm{m}} \qquad (1-1)$$

式中　U_m——电压线圈的量限值；

　　　I_m——电流线圈的量限值；

　　　N_m——功率表满刻度格数。

则被测功率的数值为

$$P = CN \qquad (1-2)$$

式中　N——功率表指示格数。在被测负载的功率因数很低时，应选用低功率因数的功率表进行测量，低功率因数功率表的使用方法与普通功率表相同，只是其功率常数变为

$$C = \frac{U_\mathrm{m} I_\mathrm{m} \cos\varphi_\mathrm{m}}{N_\mathrm{m}} \qquad (1-3)$$

式中　$\cos\varphi_\mathrm{m}$——仪表在满刻度时的额定功率因数，此值一般标注在表盘上。

四、常用的电工电子仪表

1. 常用电工电子仪表的主要分类方法

电工电子仪表的种类繁多，分类方法也有多种，现将几种主要分类方法介绍如下：

（1）按被测量的参数分。根据被测量的参数的不同，常用仪表可分为电流表、电压表、欧姆表、功率表、频率表、相位表、功率因数表等，见表 1-1。

表1-1 仪表按被测量的参数分类

被测量参数种类	仪表名称	符号	被测量参数种类	仪表名称	符号
电流	安培表、毫安表、微安表	A、mA、μA	电能量	电度表	W·h
电压	伏特表、毫伏表	V、mV	功率因数	功率因数表	cosφ
电阻	欧姆表	Ω	频率	赫兹表	Hz
电功率	功率表	W			

（2）按工作原理分。按工作原理仪表可分为磁电式（C）、电磁式（T）、电动式（D）、感应式（G）、磁电整流式（L）、铁磁电动式（TD）等，见表1-2。

表1-2 仪表按工作原理分类

仪表工作原理类型	符号	测量参数
磁电式	C	直流电压、电流、电阻
电磁式	T	直流及工频交流电压、电流
电动式	D	直流及交流电压、电流、功率、功率因数
感应式		交流电能
磁电整流式	L	工频或较高频正弦电压、电流
铁磁电动式	TD	工频电压、电流、功率

（3）按准确度分。按准确度仪表可分为0.1、0.2、0.5、1.0、1.5、2.5、5.0共7个等级。

（4）按使用条件分。按使用条件仪表可分为A、B、C三组，见表1-3。

（5）按放置位置分。按放置位置仪表可分为水平、垂直、一定倾斜角等，见表1-4。

表1-3 仪表按使用条件分类

组别	周围气温/℃	相对湿度/%
A	0～40	<85
B	−20～50	<85
C	−40～60	<98

表1-4 仪表按放置位置分类

放置位置	符号	意义
水平	—→	水平放置使用
垂直	⊥↑	垂直放置使用
一定倾斜角	∠30°、∠45°、∠60°	按一定倾斜角放置使用

（6）按防御外磁、电场的能力分。按防御外磁、电场能力仪表可分为Ⅰ、Ⅱ、Ⅲ、Ⅳ四个等级，它表示仪表防御外磁、电场的能力依次减弱，一般实验室用的仪表都是Ⅱ、Ⅲ级的。

（7）按使用方式分。按使用方式仪表可分为开关板式和便携式两种。

为使用方便，通常将仪表的各种分类方法和使用条件以特定标记符号标注在仪表的刻度盘上，使用仪表时，必须首先观察表面的各种标记符号，以确定该仪表是否符合测量需求。

仪表上的一些特殊符号及其含义可查阅《电工手册》。

2. 电工仪表的型号

（1）开关板式仪表。开关板式仪表的型号如图1-6所示。图1-6中形状第1位代号

（数字）是按仪表面板形状最大尺寸编制，形状第 2 位代号是按仪表外壳尺寸编制，系列代号是按仪表工作原理系列编制。例如：44C2—A 型电表，其中"44"为形状代号，"C"表示磁电式仪表，"2"为设计序号，"A"表示用于电流测量。

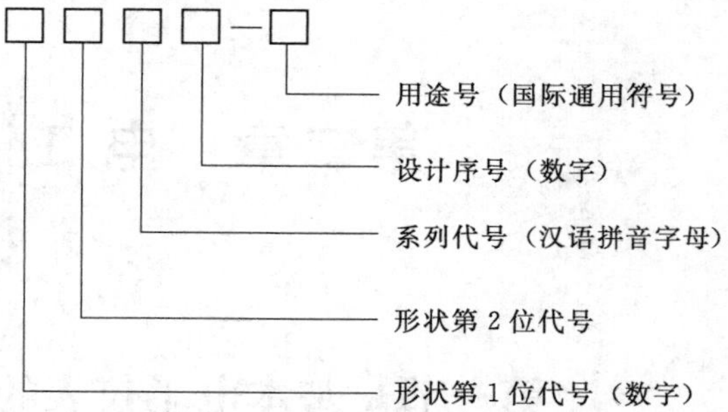

（2）便携式仪表。便携式仪表的型号除不用形状代号外，其他与开关板式仪表完全相同。

图 1-6 开关板式仪表的型号

用途号（国际通用符号）

设计序号（数字）

系列代号（汉语拼音字母）

形状第 2 位代号

形状第 1 位代号（数字）

（3）电工仪表的准确度等级。准确度等级反映了电工仪表的准确程度，目前我国电工仪表按国家标准规定分为 7 个等级，等级的划分是由仪表的最大引用误差大小决定的，即

$$\beta H = \frac{\Delta m}{A_m} \times 100\%$$

式中　βH——仪表的最大引用误差；

　　　Δm——仪表的最大绝对误差；

　　　A_m——仪表的量程。

通常，0.1 和 0.2 级仪表常作为标准仪表，0.5～1.5 级仪表作为实验室用表，2.5～5.0 级作为生产过程的指示仪表。

一般来说，等级高的仪表（0.1 级、0.2 级）比等级低的仪表（2.5 级、5.0 级）测量结果更准确，但是量程的选择对测量结果的准确程度也有很大影响。使用仪表时，选择其量程要使测量越接近满刻度越好，一般应使指针偏转超过满刻度值的一半。

例　有两只 0.1 级的电流表，量程分别为 100A 和 50A，现用来测量 40A 的电流，分别求测量结果的最大相对误差。

解　（1）用量程为 100A 电流表测量时，有

$$\Delta m = \beta H A_m = \pm 1\% \times 100A = \pm 1A$$

故用此表测量 40A 电流时的最大相对误差为

$$\beta_1 = \frac{\Delta m}{I} = \frac{\pm 1}{40} = \pm 2.5\%$$

（2）用量程为 50A 电流表测量时，有

$$\Delta m = \beta H A_m = \pm 1\% \times 50A = \pm 0.5A$$

故用此表测量 40A 电流时的最大相对误差为

$$\beta_2 = \frac{\Delta m}{I} = \frac{\pm 0.5}{40} = \pm 1.25\%$$

第二章 电工与电路实验

第一节 基本电工仪表的使用及测量误差的计算

一、实验目的

(1) 熟悉实验台上各类电源及各类测量仪表的布局和使用方法。

(2) 掌握指针式电压表、电流表内阻的测量方法。

(3) 熟悉电工仪表测量误差的计算方法。

二、实验原理

1. 测量指针式仪表内阻的方法

为了准确测量电路中实际的电压和电流，必须保证仪表接入电路后不会改变被测电路的工作状态。这就要求电压表的内阻为无穷大，电流表的内阻为零。而实际使用的指针式电工仪表都不能满足上述要求。因此，测量仪表一旦接入电路，就会改变电路原有的工作状态，这就导致仪表的读数值与电路原有的实际值之间出现误差。误差的大小与仪表本身内阻的大小密切相关。只要测出仪表的内阻，即可计算出由其产生的测量误差。以下介绍几种测量指针式仪表内阻的方法。

(1) 用分流法测量电流表的内阻。如图 2-1 所示，A 为被测内阻（R_A）的直流电流表。测量时先断开开关 K，调节电流源的输出电流 I 使 A 表指针满偏转。然后合上开关 K，并保持 I 值不变，调节电阻箱 R_B 的阻值，使电流表的指针指在 1/2 满偏转位置，此时有

$$I_A = I_S = I/2$$

故

$$R_A = R_B /\!/ R_1$$

式中　R_1——固定电阻器之值；

　　　R_B——可由电阻箱的刻度盘上读得。

(2) 用分压法测量电压表的内阻。如图 2-2 所示，V 为被测内阻（R_V）的电压表。测量时先将开关 K 闭合，调节直流稳压电源的输出电压，使电压表 V 的指针为满偏转。

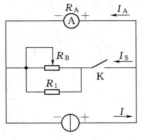

图 2-1　分流法原理图

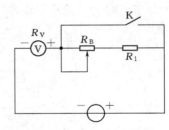

图 2-2　分压法原理图

然后断开开关 K，调节 R_B 使电压表 V 的指示值减半。

此时有

$$R_V = R_B + R_1$$

电压表的灵敏度为

$$S = R_V / U$$

式中：U 为电压表满偏时的电压值。

2. 仪表内阻引起的测量误差的计算

（1）以图 2 - 3 所示电路为例，R_1 上的电压为 $U_{R_1} = \dfrac{R_1}{R_1 + R_2} U$，若 $R_1 = R_2$，则

$$U_{R_1} = \frac{1}{2} U$$

现用一内阻为 R_V 的电压表来测量 U_{R_1} 值，当 R_V 与 R_1 并联后，$R_{AB} = \dfrac{R_V R_1}{R_V + R_1}$，以此来替代
上式中的 R_1，则得

$$U'_{R_1} = \frac{\dfrac{R_V R_1}{R_V + R_1}}{\dfrac{R_V R_1}{R_V + R_1} + R_2} U \qquad (2-1)$$

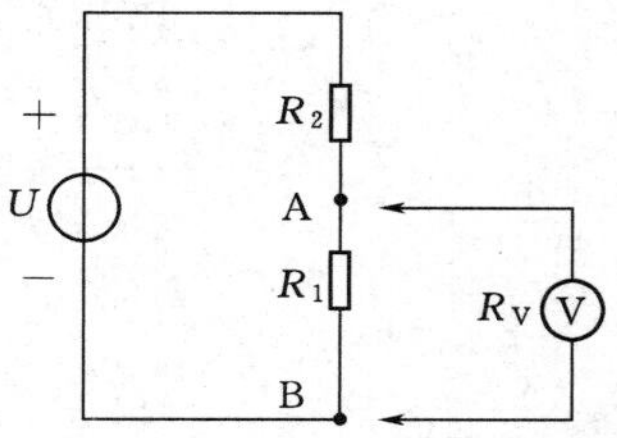

图 2 - 3　电压测量

绝对误差为

$$\Delta U = U'_{R_1} - U_{R_1} = U\left[\frac{\dfrac{R_V R_1}{R_V + R_1}}{\dfrac{R_V R_1}{R_V + R_1} + R_2} - \frac{R_1}{R_1 + R_2} \right]$$

$$= U\left[\frac{R_V R_1}{R_V R_1 + R_2(R_V + R_1)} - \frac{R_1}{R_1 + R_2} \right]$$

化简后得

$$\Delta U = U \frac{-R_1^2 R_2}{R_V(R_1^2 + 2R_V R_1 R_2 + R_2^2) + R_1 R_2(R_1 + R_2)} \qquad (2-2)$$

若 $R_1 = R_2 = R_V$，则得

$$\Delta U = -\frac{U}{6}$$

相对误差为

$$\Delta U(\%) = \frac{U'_{R_1} - U_{R_1}}{U_{R_1}} \times 100\% = -\frac{U/6}{U/2} \times 100\% = -33.33\% \qquad (2-3)$$

由此可见，当电压表的内阻与被测电路的电阻相近时，测量的误差是非常大的。

（2）伏安法测量电阻的原理：测出流过被测电阻 R_X 的电流 I_R 及其两端的电压降 U_R，
则其阻值 $R_X = U_R / I_R$。实际测量时，有两种测量线路，即相对于电源而言，①电流表 A
（内阻为 R_A）接在电压表 V（内阻为 R_V）的内侧；②A 接在电压表 V 的外侧。两种线路
如图 2 - 4（a）、（b）所示。

由图 2 - 4（a）线路可知，只有当 $R_X \ll R_V$ 时，R_V 的分流作用才可忽略不计，电流表
A 的读数接近于实际流过 R_X 的电流值。图 2 - 4（a）的接法称为电流表的内接法。

由图 2-4（b）线路可知，只有当 $R_X \gg R_A$ 时，R_A 的分压作用才可忽略不计，电压表 V 的读数接近于 R_X 两端的电压值。图 2-4（b）的接法称为电流表的外接法。

实际应用时，应根据不同情况选用合适的测量线路，才能获得较准确的测量结果。以下举一实例。

在图 2-4 中，设：$U=20V$，$R_A=100\Omega$，$R_V=20k\Omega$。假定 R_X 的实际值为 $10k\Omega$。

如果采用图 2-4（a）线路测量，经计算，A、V 的读数分别为 2.96mA 和 19.73V，故 $R_X=19.73\div2.96=6.667(k\Omega)$，相对误差为

$$(6.667-10)\div10\times100\%=-33.3\%$$

如果采用图 2-4（b）线路测量，经计算，A、V 的读数分别为 1.98mA 和 20V，故 $R_X=20\div1.98=10.1(k\Omega)$，相对误差为

$$(10.1-10)\div10\times100\%=1\%$$

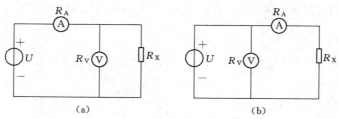

图 2-4　伏安法测量电阻

（a）内接法；（b）外接法

三、实验设备与器件

实验设备与器件见表 2-1。

表 2-1　　　　　　　　　　　　实 验 设 备 与 器 件

序号	名　称	型号与规格	数量	备　注
1	可调直流稳压电源	0～30V	两路	
2	可调恒流源	0～200mA	1	
3	指针式万用表	MF-500 或其他	1	自备
4	可调电阻箱	0～9999.9Ω	1	DGJ-05
5	电阻器	按需选择		DGJ-05

四、实验内容

（1）根据分流法原理测定指针式万用表（MF-500 或其他型号）直流电流 10mA 和 100mA 挡量限的内阻，线路如图 2-1 所示，R_B 可选用 DGJ-05 中的电阻箱。按表 2-2 各项记录实验数据。

表 2-2　　　　　　　　　　　　实 验 数 据 记 录 表

被测电流表量限	S 断开时的表读数 /mA	S 闭合时的表读数 /mA	R_B	R_1 /Ω	计算内阻 R_A/Ω
10mA			选 470Ω 滑线变阻器	510	
100mA			选 470Ω 滑线变阻器	510	

（2）根据分压法原理按图 2-2 接线，测定指针式万用表直流电压 2.5V 和 10V 挡量限的内阻。实验数据记录于表 2-3 中。

表 2-3 实 验 数 据 记 录 表

被测电压表量限	S 闭合时表读数 /V	S 断开时表读数 /V	R_B	R_1	测量内阻 R_V /kΩ	灵敏度 S /(Ω/V)
2.5V			选 100kΩ 滑线变阻器	510Ω		
10V			选 1.5mΩ 滑线变阻器	6.2kΩ		

（3）用指针式万用表直流电压 10V 挡量程测量图 2-3 电路中 R_1 上的电压值 U'_{R_1}，并计算测量的绝对误差与相对误差。实验数据记录于表 2-4 中。

表 2-4 实 验 数 据 记 录 表

电压源 U /V	R_1 /kΩ	R_2 /kΩ	计算值 U_{R_1} /V	实测值 U'_{R_1} /V	绝对误差 ΔU	相对误差 $(\Delta U/U) \times 100\%$
12	50	10				

五、实验注意事项

（1）在开启 DG04 挂箱的电源开关前，应将两路电压源的输出调节旋钮调至最小（逆时针旋到底），并将恒流源的输出粗调旋钮拨到 2mA 挡，输出细调旋钮应调至最小。接通电源后，再根据需要缓慢调节。

（2）当恒流源输出端接有负载时，如果需要将其粗调旋钮由低挡位向高挡位切换时，必须先将其细调旋钮调至最小；否则输出电流会突增，可能会损坏外接器件。

（3）电压表应与被测电路并接，电流表应与被测电路串接，并且都要注意正、负极性与量程的合理选择。

（4）实验内容（1）、（2）中，R_1 的取值应与 R_B 相近。

（5）本实验仅测试指针式仪表的内阻。由于所选指针表的型号不同，本实验中所列的电流、电压量程及选用的 R_B、R_1 等均会不同。实验时应按选定的表型自行确定。

六、思考题

（1）根据实验内容（1）和（2），分析指针式万用表内阻与量限之间的关系。

（2）用量程为 10A 的电流表测实际值为 8A 的电流时，实际读数为 8.1A，求测量的绝对误差和相对误差。

第二节　基尔霍夫定律的验证

一、实验目的

（1）验证基尔霍夫定律。

（2）加深对参考方向的理解。

二、实验原理

基尔霍夫定律是电路理论中最基本也是最重要的定律之一。它概括了电路中电流和电压分别应遵循的基本规律。基尔霍夫定律的内容有二：一是基尔霍夫电流定律；二是基尔霍夫电压定律。

（1）基尔霍夫电流定律：在集总电路中，任何时刻，流入任一节点的支路电流必等于流出该节点的支路电流。即

$$\sum I = 0 \qquad (2-4)$$

上式表明基尔霍夫电流定律规定了节点上支路电流的约束关系而与支路上元件的性质无关，不论元件是线性的或非线性的，含源的或无源的，时变的或时不变的等都是适用的。

（2）基尔霍夫电压定律：在集总电路中，任何时刻，沿任一回路所有支路电压的代数和恒等于零。即

$$\sum U = 0 \qquad (2-5)$$

上式表明任一闭合回路中各支路电压降所遵守的规律，它是电压与路径无关性质的反映。同样，这一结论只与电路的结构有关，而与支路元件中元件的性质无关，不论这些元件是线性的或非线性的，含源的或无源的，时变的或时不变的等都是适用的。

参考方向并不是一个抽象的概念，它有具体的意义。例如，图 2-5 为某网络中的一条支路 AB。在事先并不知道该支路电压极性情况下，如何测量该支路的电压降 U 呢？因此，应首先假定一个电压降的方向。

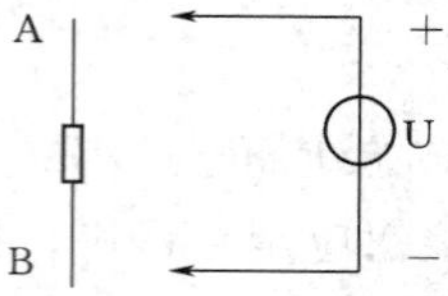

设 U 的方向是从 A 到 B，这就是电压 U 的参考方向，将电压表的正极和负极分别与 A 端和 B 端相连。电压表指针若顺时针偏转，则读数为正，说明参考方向和真实方向是一致的；反之，电压表指针逆时针偏转，则读数为负，说明参考方向和真实方向相反。显然，测量该支路电流与测量电压的情况相同。

图 2-5　参考方向说明

三、实验设备与器件

实验设备与器件见表 2-5。

表 2-5　　　　　　　　　　　实 验 设 备 与 器 件

序号	名　称	型号与规格	数量	备注
1	可调直流稳压电源	0～30V	1	
2	可调直流稳压电源	6V、12V	1	
3	万用表		1	自备
4	直流数字电压表	0～200V	1	
5	直流数字毫安表	0～200mA	1	
6	电位、电压测定实验线路板	DGJ－03	1	

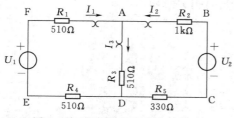

图 2-6　基尔霍夫定律实验线路

四、实验内容

1．基尔霍夫电流定律实验

按图 2-6 接好电路，用导线从直流稳压电源引入 6V 和 12V 电压分别连接到电路的 F、E 与 B、C 之间。

（1）将电流表指示数值 I_1、I_2、I_3 填入表

2-6 中。

（2）计算理论值与实验测量值之间的误差，填入表 2-6 中。

表 2-6　　　　　　　　　　实 验 数 据 记 录 表

电流	计算值	测量值	误差/%
I_1/mA			
I_2/mA			
I_3/mA			

2. 基尔霍夫电压定律实验

（1）按图 2-6 接好电路，接入 $U_1=6V$、$U_2=12V$ 的直流电源。

（2）用直流电压表依次测量回路 ABCDA 的支路电压（U_{AB}、U_{BC}、U_{CD}、U_{DA}）以及 BCDB 回路的支路电压（U_{BC}、U_{CD}、U_{DB}），将测量结果记入表 2-7 中。若电压表指示为负时，电压为负值，记录数据。

表 2-7　　　　　　　　　　实 验 数 据 记 录 表

电压	U_{AB}/V	U_{BC}/V	U_{CD}/V	U_{DA}/V	U_{DB}/V	U_1	U_2	$\Sigma U=0$ ABCDA	$\Sigma U=0$ BCDB
测量值									
计算值									
误差									

（3）理论计算上述各支路及回路的电压数值。

（4）计算理论值与实验测量值之间的误差。

五、实验报告

（1）利用测量结果验证基尔霍夫定律。

（2）计算各支路的电压及电流，并计算各值的相对误差，分析产生误差的原因。阐述电位和电压降的区别。

第三节　叠加原理的验证

一、实验目的

验证线性电路叠加原理的正确性，加深对线性电路叠加性和齐次性的认识和理解。

二、实验原理

叠加原理指出：在有多个独立源共同作用下的线性电路中，通过每一个元件的电流或其两端的电压，可以看成由每一个独立源单独作用时在该元件上所产生的电流或电压的代数和。

线性电路的齐次性是指当激励信号（某独立源的值）增加（或减小）K 倍时，电路的响应（即在电路中各电阻元件上所建立的电流和电压值）也将增加（或减小）K 倍。

三、实验设备与器件

实验设备与器件见表 2-8。

表 2 - 8　　　　　　　　　　　　　　　**实验设备与器件**

序号	名　　称	型号与规格	数量	备注
1	直流稳压电源	0～30V 可调	两路	
2	万用表		1	自备
3	直流数字电压表	0～200V	1	
4	直流数字毫安表	0～200mA	1	
5	叠加原理实验电路板		1	DGJ－03

四、实验内容

实验线路如图 2－7 所示，用 DGJ－03 挂箱的"基尔霍夫定律/叠加原理"线路。

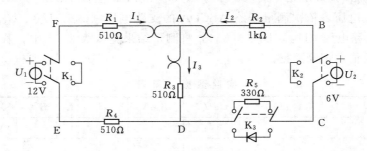

图 2－7　叠加原理接线图

（1）将两路稳压源的输出分别调节为 12V 和 6V，接入 U_1 和 U_2 处。

（2）令 U_1 电源单独作用（将开关 K_1 投向 U_1 侧，开关 K_2 投向短路侧）。用直流数字电压表和毫安表（接电流插头）测量各支路电流及各电阻元件两端的电压，数据记入表 2－9。

表 2 - 9　　　　　　　　　　　　　　**实验数据记录表**

测量项目 / 实验内容	U_1 /V	U_2 /V	I_1 /mA	I_2 /mA	I_3 /mA	U_{AB} /V	U_{CD} /V	U_{AD} /V	U_{DE} /V	U_{FA} /V
U_1 单独作用										
U_2 单独作用										
U_1、U_2 共同作用										
$2U_2$ 单独作用										

（3）令 U_2 电源单独作用（将开关 K_1 投向短路侧，开关 K_2 投向 U_2 侧），重复实验步骤（2）的测量和记录，数据记入表 2－9。

（4）令 U_1 和 U_2 共同作用（开关 K_1 和 K_2 分别投向 U_1 和 U_2 侧），重复上述的测量和记录，数据记入表 2－9。

（5）将 U_2 的数值调至＋12V，重复上述第（3）项的测量并记录，数据记入表 2－9。

（6）将 R_5（330Ω）换成二极管 1N4007（即将开关 K_3 投向二极管 1N4007 侧），重复（1）～（5）的测量过程，数据记入表 2－10。

表 2 - 10　　　　　　　　　　　　　实 验 数 据 记 录 表

测量项目 实验内容	U_1 /V	U_2 /V	I_1 /mA	I_2 /mA	I_3 /mA	U_{AB} /V	U_{CD} /V	U_{AD} /V	U_{DE} /V	U_{FA} /V
U_1 单独作用										
U_2 单独作用										
U_1、U_2 共同作用										
$2U_2$ 单独作用										

五、实验注意事项

（1）用电流插头测量各支路电流时，或者用电压表测量电压降时，应注意仪表的极性，正确判断测得值的＋、－号后，记入数据表格。

（2）注意仪表量程的及时更换。

六、思考题

（1）在叠加原理实验中，要令 U_1、U_2 分别单独作用，应如何操作？可否直接将不作用的电源（U_1 或 U_2）短接置零？

（2）实验电路中，若有一个电阻器改为二极管，试问叠加原理的叠加性与齐次性还成立吗？为什么？

七、实验报告

（1）根据实验数据表格进行分析、比较，归纳、总结实验结论，即验证线性电路的叠加性与齐次性。

（2）各电阻器所消耗的功率能否用叠加原理计算得出？试用上述实验数据，进行计算并作结论。

（3）通过实验步骤（6）及分析表 2 - 10 的数据，你能得出什么样的结论？

第四节　戴 维 南 定 理

一、实验目的

（1）验证戴维南定理，通过实验加深对等效概念的理解。

（2）验证含源一端口网络的最大功率输出条件。

二、实验原理

1. 戴维南等效电路

对任一线性含源一端口网络 Ns，如图 2 - 8（a）所示，根据戴维南定理，可以用图 2 - 8 （b）所示的电路来等效替代。U_{oc} 是含源一端口网络 A、B 两端的开路电压；电阻 R_{eq} 是把含源一端口网络的全部独立电源置零后的输入电阻，称为戴维南等效电阻；I_{sc} 是含源一端口网络 A、B 两端的短路电流。

这里所谓的等效，是指含源一端口网络被等效电路替代后，对端口的外电路应该没有影响，即外电路中的电流和电压仍保持替代前的数值不变。

2. 戴维南等效电阻的实验测定法

（1）测量含源一端口网络的开路电压 U_{oc}（用数字万用表）和短路电流 I_{sc}，则戴维南

15

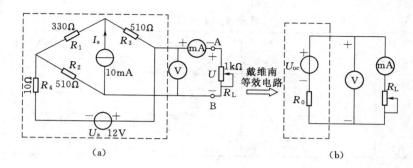

图 2-8 戴维南等效电路

等效电阻为

$$R_0 = \frac{U_{oc}}{I_{sc}}$$

（2）将含源一端口网络内所有电压源的电压和电流源的电流变为零，即把含源一端口网络化为无源一端口网络。然后在这无源一端口网络的端口处，外加一个电压 U_s，测量端口的电流 I，则戴维南等效电路的输入电阻为

$$R_{eq} = \frac{U_s}{I}$$

3. 最大功率输出

改变含源一端口网络的负载 R_L，它从含源一端口网络获得的功率是不同的，当负载 R_L 等于含源一端口网络的戴维南等效电阻 R_0 时，它获得最大功率。

把 $R_0 = \dfrac{U_{oc}}{I_{sc}}$ 称为最大功率输出条件。可在不同负载 R_L 时，测量负载电流 I，由公式 $P = R_L I^2$ 计算负载吸收的功率，然后作 $P-R_L$ 曲线，验证此条件，即

$$R_L = R_{eq}$$

三、实验设备与器件

实验设备与器件见表 2-11。

表 2-11   实 验 设 备 与 器 件

序号	名　称	型号与规则	数量	备数
1	可调直流稳压电源	0～30V	1	
2	直流恒流源	0～30mA	1	
3	直流数字电压表	0～200V	1	
4	直流数字毫安表	0～200mA	1	
5	万用表		1	自备
6	可调电阻箱	0～999999Ω	1	DGJ-05
7	电位器	1kΩ	1	DGJ-05
8	戴维南定理实验线路板		1	DGJ-05

四、实验内容

线性含源二端口网络实验电路如图 2-8 所示。

（1）计算开路电压 U_{oc}、短路电流 I_{sc}、等效电阻 R_0，各值记入表 2-12 中。

（2）将图 2-8（a）中电压源短路、电流源开路，用万用表的欧姆挡从 A、B 两点测出等效电阻 R_0 记入表 2-13 中。

（3）将可调直流恒流源调节到最小，按图 2-8（a）中要求接入电流源处，然后将可调直流恒流源调节到 10mA，再将直流稳压电源的电压调节到 12V，按图 2-8（a）中要求接入电路，用直流数字电压表 20V 挡位从 A、B 两点测出电路的开路电压 U_{oc}，用直流数字毫安表 200mA 挡位从 A、B 两点测出电路的短路电流 I_{sc}，并将测出的电流、电压数值记入表 2-13 中。

表 2-12　　　实 验 数 据 记 录 表

U_{oc}	I_{sc}	R_0

表 2-13　　　实 验 数 据 记 录 表

U_{oc}	I_{sc}	R_0

（4）测量含源二端口网络的外特性：按图 2-8（a）所示接线调节可变电位器 R_L，改变 R_L 的值，使电流等于表 2-14 中电流各值时分别从 A、B 两点测出其电压值记入表 2-14 中。

表 2-14　　　　　　　　实 验 数 据 记 录 表

U/V					
I/mA	10	15	20	25	30

（5）用开路电压 U_{oc} 与等效电阻 R_0 串联并和负载相连接，如图 2-8（b）所示，调节可变电位器 R_L，改变 R_L 的值使电流等于表 2-15 中电流各值时分别从 A、B 两点测出其电压值记入表 2-15 中，将表 2-14 与表 2-15 中数据比较并验证戴维南定理。

表 2-15　　　　　　　　实 验 数 据 记 录 表

U/V					
I/mA	10	15	20	25	30

（6）负载获得最大功率的匹配条件的验证：重复实验步骤（4），改变负载电阻 R_L 的阻值，按表 2-16 要求将测量的电流、电压值和计算各种负载下所获得的功率同时找出功率最大的一点，记入表 2-16 中，并证明负载获得最大功率的匹配条件为 $R_L = R_0$。

表 2-16　　　　　　　　实 验 数 据 记 录 表

R_L/Ω	100	200	300	400	500	R_{eq}	600	700
U/V								
I/mA								
P/mW								

五、实验报告

（1）将 U_{oc}、I_{sc}、R_0 的实测值与理论值进行比较和分析，是否符合理论计算？

（2）根据表 2-14、表 2-15 中数据绘制 $U = f(I)$ 外特性曲线并分析比较。

（3）绘制功率曲线 $P = f(R)$，证明最大功率的匹配条件。

第五节　RLC串联谐振电路

一、实验目的

（1）学习用实验方法绘制RLC串联电路的幅频特性曲线。

（2）加深理解电路发生谐振的条件、特点，掌握电路品质因数（电路Q值）的物理意义及其测定方法。

二、实验原理

（1）在图2-9所示的RLC串联电路中，当正弦交流信号源的频率f改变时，电路中的感抗、容抗随之而变，电路中的电流也随f而变。取电阻R上的电压U_o作为响应，当输入电压U_i的幅值维持不变时，在不同频率的信号激励下，测出U_o之值，然后以f为横坐标，以U_o/U_i为纵坐标（因U_i不变，故也可直接以U_o为纵坐标），绘出光滑的曲线，此即幅频特性曲线，亦称谐振曲线，如图2-10所示。

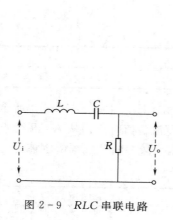

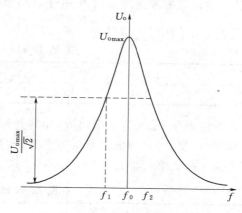

图2-9　RLC串联电路　　　　　　　图2-10　串联谐振幅频特性曲线

（2）在$f=f_0=\dfrac{1}{2\pi\sqrt{LC}}$处，即幅频特性曲线尖峰所在的频率点称为谐振频率。此时$X_L=X_C$，电路呈纯阻性，电路阻抗的模为最小。在输入电压U_i为定值时，电路中的电流达到最大值，且与输入电压U_i同相位。

（3）理论上讲，此时$U_i=U_R=U_o$，$U_L=U_C=QU_i$，式中的Q称为电路的品质因数。

（4）电路品质因数Q值的两种测量方法：一是根据公式$Q=\dfrac{U_L}{U_o}=\dfrac{U_C}{U_o}$测定，$U_C$与$U_L$分别为谐振时电容器$C$和电感线圈$L$上的电压；二是通过测量谐振曲线的通频带宽度$\Delta f=f_2-f_1$，再根据$Q=\dfrac{f_0}{f_2-f_1}$求出$Q$值。式中：$f_0$为谐振频率；$f_2$和$f_1$失谐时，亦即输出电压的幅度下降到最大值的$1/\sqrt{2}$时的上、下频率点。$Q$值越大，曲线越尖锐，通频带越窄，电路的选择性越好。恒压源供电时，电路的品质因数、选择性与通频带只决定于电路本身的参数，而与信号源无关。

三、实验设备与器件

实验设备与器件见表 2-17。

表 2-17　　　　　　　　　实验设备与器件

序号	名　称	型号与规格	数量	备注
1	函数信号发生器		1	
2	交流毫伏表	0～600V	1	
3	双踪示波器		1	自备
4	频率计		1	
5	谐振电路实验电路板	$R=200\Omega$、$1k\Omega$ $C=0.01\mu F$、$0.1\mu F$，$L\approx30mH$		DGJ-03

四、实验内容

（1）按图 2-11 组成监视、测量电路。先选用 C_1、R_1。用交流毫伏表测电压，用示波器监视信号源输出。令信号源输出电压 $U_i=4V$，并保持不变。

（2）找出电路的谐振频率 f_0，其方法是，将毫伏表接在 R（200Ω）两端，令信号源的频率由小逐渐变大（注意要维持信号源的输出幅度不变），当 U_0 的读数为最大时，读得频率计上的频率值即为电路的谐振频率 f_0，并测量 U_C 与 U_L（注意及时更换毫伏表的量限）。

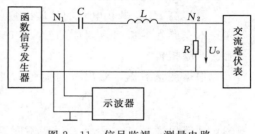

图 2-11　信号监视、测量电路

（3）在谐振点两侧，按频率递增或递减 500Hz 或 1kHz，依次各取 8 个测量点，逐点测出 U_0、U_L、U_C，数据记入表 2-18。

（4）将电阻改为 R_2（1kΩ），重复步骤（2）、（3）的测量过程，数据记入表 2-19。

表 2-18　　　　　　　　　实验数据记录表

f/kHz									
U_0/V									
U_L/V									
U_C/V									

$U_i=4V$，$C=0.01\mu F$，$R=330\Omega$，$f_0=$　　　　，$f_2-f_1=$　　　　，$Q=$

表 2-19　　　　　　　　　实验数据记录表

f/kHz									
U_0/V									
U_L/V									
U_C/V									

$U_i=4V$，$C=0.01\mu F$，$R=1k\Omega$，$f_0=$　　　　，$f_2-f_1=$　　　　，$Q=$

五、实验注意事项

（1）测试频率点的选择应在靠近谐振频率附近多取几点。在变换频率测试前，应调整信号输出幅度（用示波器监视输出幅度），使其维持在 4V。

（2）测量 U_C 和 U_L 数值前，应将毫伏表的量限改大，而且在测量 U_L 与 U_C 时毫伏表的 "＋" 端应接 C 与 L 的公共点，其接地端应分别触及 L 和 C 的近地端 N_2 和 N_1。

（3）实验中，信号源的外壳应与毫伏表的外壳绝缘（不共地）。如能用浮地式交流毫伏表测量，则效果更佳。

六、思考题

（1）根据实验电路板给出的元件参数值，估算电路的谐振频率。

（2）改变电路的哪些参数可以使电路发生谐振，电路中 R 的数值是否影响谐振频率值？

（3）如何判别电路是否发生谐振？测试谐振点的方案有哪些？

（4）电路发生串联谐振时，为什么输入电压不能太大，如果信号源给出 3V 的电压，电路谐振时，用交流毫伏表测 U_L 和 U_C，应该选择多大的量限？

（5）要提高 RLC 串联电路的品质因数，电路参数应如何改变？

（6）本实验在谐振时，对应的 U_L 与 U_C 是否相等？如有差异，原因何在？

七、实验报告

（1）根据测量数据，绘出不同 Q 值时的三条幅频特性曲线，即

$$U_o = f(f), U_L = f(f), U_C = f(f)$$

（2）计算出通频带与 Q 值，说明不同 R 值对电路通频带与品质因数的影响。

（3）对两种不同的测 Q 值的方法进行比较，分析误差原因。

（4）谐振时，比较输出电压 U_o 与输入电压 U_i 是否相等，试分析原因。

（5）通过本次实验，总结、归纳串联谐振电路的特性。

第六节　日光灯电路及其功率因数的提高

一、实验目的

（1）掌握日光灯电路的接线。

（2）理解改善电路功率因数的意义并掌握其方法。

二、实验原理

日光灯电路如图 2-12 所示，图中 A 是日光灯管，L 是镇流器，S 是启辉器，C 是补偿电容器，用以改善电路的功率因数（$\cos\varphi$ 值）。有关日光灯的工作原理请自行翻阅有关资料。

三、实验设备与器件

实验设备与器件见表 2-20。

四、实验内容

（1）按图 2-12 组成实验电路。

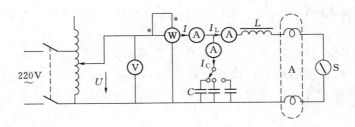

图 2-12　日光灯电路接线图

表 2-20　　　　　　　　　　　　　实 验 设 备 与 器 件

序号	名　称	型号与规格	数量	备注
1	交流电压表	0～500V	1	
2	交流电流表	0～5A	1	
3	功率表		1	DGJ-07
4	自耦调压器		1	
5	镇流器、启辉器	与40W灯管配用	各1	DGJ-04
6	日光灯管	40W	1	屏内
7	电容器	1μF、2.2μF、4.7μF	各1	DGJ-05
8	电流插座		3	DGJ-04

（2）经指导老师检查后，接通实验台电源，将自耦调压器的输出调至 220V，记录功率表、电压表读数。通过一只电流表和三个电源插座分别测得三条支路的电流，改变电容值，进行三次重复测量。数据记入表 2-21 中。

表 2-21　　　　　　　　　　　　　实 验 数 据 记 录 表

电容值/μF	测 量 数 值					
	P/W	$\cos\varphi$	U/V	I/A	I_L/A	I_C/A
0						
1						
2.2						
4.7						

五、实验注意事项

（1）本实验用交流市电 220V，必须注意用电和人身安全。

（2）功率表要正确接入电路。

（3）线路接线正确，日光灯不能启辉时，应检查启辉器及其接触是否良好。

六、思考题

（1）在日常生活中，当日光灯上缺少启辉器时，人们常用一根导线将启辉器的两端短接一下，然后迅速断开，使日光灯点亮（DGJ-04实验挂箱上有短接按钮，可用它代替启辉器做试验），或用一只启辉器去点亮多只同类型的日光灯，这是为什么？

（2）为了改善电路的功率因数，常在感性负载上并联电容器，此时增加了一条电流支路，试问电路的总电流是增大还是减小？此时感性元件上的电流和功率是否改变？

（3）提高线路功率因数为什么只采用并联电容器法，而不用串联法？所并的电容器是否越大越好？

七、实验报告

（1）完成数据表格中的计算，进行必要的误差分析。

（2）讨论改善电路功率因数的意义和方法。

（3）装接日光灯电路的心得体会及其他。

第七节　三相交流电路电压、电流的测量

一、实验目的

（1）掌握三相负载做星形连接、三角形连接的方法，验证这两种接法下线、相电压及线、相电流之间的关系。

（2）充分理解三相四线供电系统中中线的作用。

二、实验原理

（1）三相负载可接成星形（又称 Y 接）或三角形（又称△接）。当三相对称负载做 Y 接时，线电压 U_L 是相电压 U_p 的 $\sqrt{3}$ 倍，线电流 I_L 等于相电流 I_p，即

$$U_L = \sqrt{3}U_p, \quad I_L = I_p$$

在这种情况下，流过中线的电流 $I_0 = 0$，所以可以省去中线。

当对称三相负载做△接时，有 $I_L = \sqrt{3}I_p$，$U_L = U_p$。

（2）不对称三相负载做 Y 接时，必须采用三相四线制接法，即 Y_0 接法。而且中线必须牢固连接，以保证三相不对称负载的每相电压维持对称不变。

倘若中线断开，会导致三相负载电压的不对称，致使负载轻的那一相的相电压过高，使负载遭受损坏；负载重的一相相电压又过低，使负载不能正常工作。尤其是对于三相照明负载，无条件地一律采用 Y_0 接法。

（3）当不对称负载做△接时，$I_L \neq \sqrt{3}I_p$，但只要电源的线电压 U_L 对称，加在三相负载上的电压仍是对称的，对各相负载工作没有影响。

三、实验设备与器件

实验设备与器件见表 2-22。

表 2-22 　　　　　　　　　　　　实 验 设 备 与 器 件

序号	名　　称	型号与规格	数量	备注
1	交流电压表	0～500V	1	
2	交流电流表	0～5A	1	
3	万用表		1	自备
4	三相自耦调压器		1	
5	三相灯组负载	220V，25W白炽灯	9	DGJ-04

四、实验内容

1. 三相负载星形连接（三相四线制供电）

按图 2-13 线路组接实验电路，即三相灯组负载经三相自耦调压器接通三相对称电源。将三相调压器的旋柄置于输出为 0V 的位置（即逆时针旋到底）。经指导教师检查合格后，方可开启实验台电源，然后调节调压器的输出，使输出的三相线电压为 380V，并按下述内容完成各项实验，分别测量三相负载的线电压、相电压、线电流、相电流、中线电流、电源与负载中点间的电压。将所测得的数据记入表 2-23 中，并观察各相灯组亮暗的变化程度，特别要注意观察中线的作用。

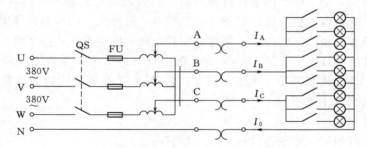

图 2-13　三相负载星形连接线路

表 2-23 　　　　　　　　　　　　实 验 数 据 记 录 表

测量数据 实验内容 （负载情况）	开灯盏数			线电流/A			线电压/V			相电压/V			中线电流 I_O/A
	A相	B相	C相	I_A	I_B	I_C	U_AB	U_BC	U_CA	U_AO	U_BO	U_CO	
三相平衡负载有中线	3	3	3										
三相平衡负载无中线	3	3	3										
三相不平衡负载有中线	1	2	3										
三相不平衡负载无中线	1	2	3										
B线断开有中线	1		3										
B线断开无中线	1		3										

2. 负载三角形连接（三相三线制供电）

按图 2-14 改接电路，经指导教师检查合格后接通三相电源，并调节调压器，使其输出线电压为 220V，并按表 2-24 的内容进行测试。

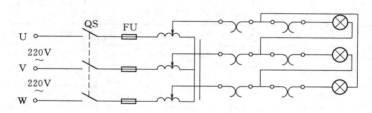

图 2-14 三相负载三角形连接

表 2-24 实 验 数 据 记 录 表

测量数据 负载情况	开灯盏数			线电压＝相电压/V			线电流/A			相电流/A		
	A-B相	B-C相	C-A相	U_{AB}	U_{BC}	U_{CA}	I_A	I_B	I_C	I_{AB}	I_{BC}	I_{CA}
三相平衡	3	3	3									
三相不平衡	1	2	3									

五、实验注意事项

(1) 本实验采用三相交流市电,线电压为 380V,应穿绝缘鞋进实验室。实验时要注意人身安全,不可触及导电部件,防止意外事故发生。

(2) 每次接线完毕,同组同学应自查一遍,然后由指导教师检查后,方可接通电源,必须严格遵守"先断电、再接线、后通电,先断电、后拆线"的实验操作原则。

(3) 星形负载做短路实验时,必须首先断开中线,以免发生短路事故。

(4) 为避免烧坏灯泡,DGJ-04 实验挂箱内设有过压保护装置。当任一相电压大于 245~250V 时,立即声光报警并跳闸。因此,在做 Y 接不平衡负载或缺相实验时,所加线电压应以最高相电压小于 240V 为宜。

六、思考题

(1) 三相负载根据什么条件做星形或三角形连接?

(2) 复习三相交流电路有关内容,试分析三相星形连接不对称负载在无中线情况下,当某相负载开路或短路时会出现什么情况?如果接上中线,情况又如何?

(3) 本次实验中为什么要通过三相调压器将 380V 的市电线电压降为 220V 的线电压使用?

七、实验报告

(1) 用实验测得的数据验证对称三相电路中的$\sqrt{3}$关系。

(2) 用实验数据和观察到的现象,总结三相四线供电系统中中线的作用。

(3) 不对称三角形连接的负载能否正常工作?实验是否能证明结论?

(4) 根据不对称负载三角形连接时的相电流值作相量图,并求出线电流值,然后与实验测得的线电流值做比较、分析。

第八节 RC 一阶电路的响应测试

一、实验目的

(1) 测定 RC 一阶电路的零输入响应、零状态响应及全响应。

（2）学习电路时间常数的测量方法。

（3）掌握有关微分电路和积分电路的概念。

（4）进一步学会用示波器观测波形。

二、实验原理

（1）动态网络的过渡是十分短暂的单次变化过程。要用普通示波器观察过渡过程和测量有关的参数，就必须使这种单次变化的过程重复出现。为此，利用信号发生器输出的方波来模拟阶跃激励信号，即利用方波输出的上升沿作为零状态响应的正阶跃激励信号，利用方波的下降沿作为零输入响应的负阶跃激励信号。只要选择方波的重复周期远大于电路的时间常数 τ，那么电路在这样的方波序列脉冲信号的激励下，它的响应就和直流电接通与断开的过渡过程是基本相同的。

（2）图 2-15（a）和（c）所示的 RC 一阶电路的零输入响应和零状态响应分别按指数规律衰减和增长，其变化的快慢决定于电路的时间常数 τ。

（3）时间常数 τ 的测定方法：用示波器测量零输入响应的波形如图 2-15（a）所示。

根据一阶微分方程的求解得知 $u_C = U_m e^{-t/RC} = U_m e^{-t/\tau}$。当 $t = \tau$ 时，$U_C(\tau) = 0.368U_m$。此时所对应的时间就等于 τ。亦可用零状态响应波形增加到 $0.632U_m$ 所对应的时间测得，如图 2-15（c）所示。

（4）微分电路和积分电路是 RC 一阶电路中较典型的电路，它对电路元件参数和输入信号的周期有着特定的要求。一个简单的 RC 串联电路，在方波序列脉冲的重复激励下，当满足 $\tau = RC \ll T/2$（T 为方波脉冲的重复周期）时，且由 R 两端的电压作为响应输出，则电路就是一个微分电路。因为此时电路的输出信号电压与输入信号电压的微分成正比，如图 2-16（a）所示。利用微分电路可以将方波转变成尖脉冲。

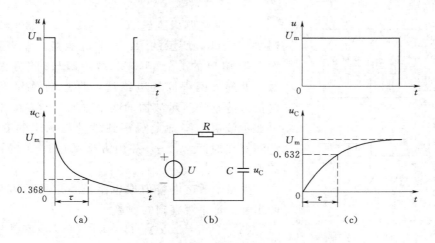

图 2-15 RC 一阶电路及响应
（a）零输入响应；（b）测量电路；（c）零状态响应

若将图 2-16（a）中的 R 与 C 位置调换一下，如图 2-16（b）所示，由 C 两端的电压作为响应输出，且当电路的参数满足 $\tau = RC \gg T/2$，则该 RC 电路称为积分电路。因为此时电路的输出信号电压与输入信号电压的积分成正比。利用积分电路可以将方波转变成

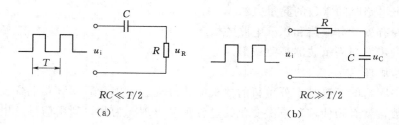

图 2-16 微分电路和积分电路
(a) 微分电路；(b) 积分电路

三角波。从输入输出波形来看，上述两个电路均起着波形变换的作用，请在实验过程中仔细观察与记录。

三、实验设备与器件

实验设备与器件见表 2-25。

表 2-25　　　　　　　　　　　　　实 验 设 备 与 器 件

序号	名　　称	型号与规格	数量	备注
1	函数信号发生器		1	
2	双踪示波器		1	自备
3	动态电路实验板		1	DGJ-03

四、实验内容

实验线路板的器件组件如图 2-17 所示，请认清 R、C 元件的布局及其标称值，各开关的通断位置等。

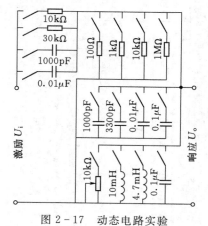

图 2-17　动态电路实验

(1) 从电路板上选 $R=10k\Omega$，$C=3300pF$ 组成如图 2-15 (b) 所示的 RC 充放电电路。u_i 为脉冲信号发生器输出的 $U_m=1.8V$，$f=1kHz$ 的方波电压信号，并通过两根同轴电缆线，将激励源 u_i 和响应 u_C 的信号分别连至示波器的两个输入口 Y_A 和 Y_B。这时可在示波器的屏幕上观察到激励与响应的变化规律，请测算出时间常数 τ，并用方格纸按 1:1 的比例描绘波形。

少量地改变电容值或电阻值，定性地观察对响应的影响，记录观察到的现象。

(2) 令 $R=10k\Omega$，$C=0.01\mu F$，观察并描绘响应的波形，继续增大 C 值，定性地观察它对响应的影响。

(3) 令 $C=0.01\mu F$，$R=1k\Omega$，组成如图 2-16 (a) 所示的微分电路。在同样的方波激励信号（$U_m=1.8V$，$f=1kHz$）作用下，观测并描绘激励与响应的波形。增减 R 值，定性地观察对响应的影响，并记录。当 R 增至 $1M\Omega$ 时，输入输出波形有何本质上的区别。

五、实验注意事项

（1）调节电子仪器各旋钮时，动作不要过快、过猛。实验前，需熟读双踪示波器的使用说明书。观察双踪时，要特别注意相应开关、旋钮的操作与调节。

（2）信号源的接地端与示波器的接地端要连在一起（共地），以防外界干扰而影响测量的准确性。

（3）示波器的辉度不应过大，尤其是光点长期停留在荧光屏上不动时，应将辉度调小，以延长示波管的使用寿命。

六、思考题

（1）什么样的电信号可作为 RC 一阶电路零输入响应、零状态响应和完全响应的激励源？

（2）已知 RC 一阶电路 $R=10\text{k}\Omega$，$C=0.1\mu\text{F}$，试计算时间常数 τ，并根据 τ 值的物理意义，拟定测量 τ 的方案。

（3）何谓积分电路和微分电路，它们必须具备什么条件？它们在方波序列脉冲的激励下，其输出信号波形的变化规律如何？这两种电路有何功用？

七、实验报告

（1）根据实验观测结果，在方格纸上绘出 RC 一阶电路充放电时 U_C 的变化曲线，由曲线测得 τ 值，并与参数值的计算结果作比较，分析误差原因。

（2）根据实验观测结果，归纳、总结积分电路和微分电路的形成条件，阐明波形变换的特征。

（3）心得体会及其他。

第九节　二阶动态电路的响应测试

一、实验目的

（1）测试二阶动态电路的零状态响应和零输入响应，了解电路元件参数对响应的影响。

（2）观察、分析二阶电路响应的三种状态轨迹及其特点，以加深对二阶电路响应的认识与理解。

二、实验原理

一个二阶电路在方波正、负阶跃信号的激励下，可获得零状态响应与零输入响应，其响应的变化轨迹决定于电路的固有频率。当调节电路的元件参数值，使电路的固有频率分别为负实数、共轭复数及虚数时，可获得单调衰减、衰减振荡和等幅振荡的响应。在实验中可获得过阻尼、欠阻尼和临界阻尼这三种响应图形。

简单而典型的二阶电路是一个 RLC 串联电路和 GCL 并联电路，这两者之间存在着对偶关系。本实验仅对 GCL 并联电路进行研究。

三、实验设备与器件

实验设备与器件见表 2-26。

表 2-26　　　　　　　　　　　**实验设备与器件**

序号	名　称	型号与规格	数量	备注
1	函数信号发生器		1	
2	双踪示波器		1	自备
3	动态电路实验板		1	DGJ-03

四、实验内容

　　动态电路实验板如图 2-18 所示。利用动态电路板中的元件与开关的配合作用，组成如图 2-19 所示的 RCL 并联电路。令 $R_1=10\text{k}\Omega$，$L=4.7\text{mH}$，$C=1000\text{pF}$，R_2 为 $10\text{k}\Omega$ 可调电阻。令脉冲信号发生器的输出为 $U_m=1.5\text{V}$，$f=1\text{kHz}$ 的方波脉冲，通过同轴电缆接至图中的激励端，同时用同轴电缆将激励端和响应输出接至双踪示波器的 Y_A 和 Y_B 两个输入口。

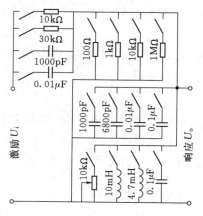

图 2-18　动态电路、选频电路实验板

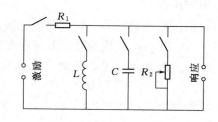

图 2-19　RCL 并联电路

　　（1）调节可变电阻器 R_2 值，观察二阶电路的零输入响应和零状态响应由过阻尼过渡到临界阻尼，最后过渡到欠阻尼的变化过程，分别定性地描绘、记录响应的典型变化波形。

　　（2）调节 R_2 使示波器荧光屏上呈现稳定的欠阻尼响应波形，定量测定此时电路的衰减常数 α 和振荡频率 ω_d。

　　（3）改变一组电路参数，如增、减 L 或 C 值，重复步骤（2）的测量，并记录。随后仔细观察，改变电路参数时 ω_d 与 α 的变化趋势，并记录于表 2-27。

表 2-27　　　　　　　　　　　**实验数据记录表**

电路参数 实验次数	元件参数				测量值	
	R_1	R_2	L	C	α	ω_d
1	$10\text{k}\Omega$		4.7mH	1000pF		
2	$10\text{k}\Omega$	调至某一次 欠阻尼状态	4.7mH	$0.01\mu\text{F}$		
3	$30\text{k}\Omega$		4.7mH	$0.01\mu\text{F}$		
4	$10\text{k}\Omega$		10mH	$0.01\mu\text{F}$		

五、实验注意事项

　　（1）调节 R_2 时，要细心、缓慢，临界阻尼要找准。

（2）观察双踪时，显示要稳定，如不同步，则可采用外同步法触发（看示波器说明）。

六、思考题

（1）根据二阶电路实验电路元件的参数，计算出处于临界阻尼状态的 R_2 值。

（2）在示波器荧光屏上，如何测得二阶电路零输入响应欠阻尼状态的衰减常数 α 和振荡频率 ω_d？

七、实验报告

（1）根据观测结果，在方格纸上描绘二阶电路过阻尼、临界阻尼和欠阻尼的响应波形。

（2）测算欠阻尼振荡曲线上的 α 与 ω_d。

（3）归纳、总结电路元件参数的改变对响应变化趋势的影响。

（4）心得体会及其他。

第十节 三相电动机正反转控制

一、实验目的

（1）通过对三相鼠笼式异步电动机正反转控制电路的安装接线，掌握由电气原理图接成实际操作电路的方法。

（2）加深对电气控制系统各种保护、自锁、互锁等环节的理解。

（3）学会分析、排除继电-接触控制电路故障的方法。

二、实验原理

在三相鼠笼式异步电动机正反转控制电路中，通过相序的更换来改变电动机的旋转方向。本实验给出两种不同的正、反转控制电路，如图 2-20 及图 2-21 所示，具有如下特点。

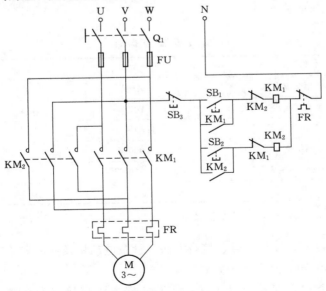

图 2-20 接触器联锁的正反转控制电路

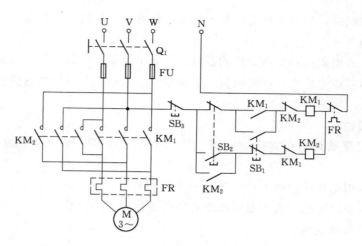

图 2-21　接触器和按钮双重联锁的正反转控制电路

1. 电气互锁

为了避免接触器 KM_1 （正转）、KM_2 （反转）同时得电吸合造成三相电源短路，在 KM_1 （KM_2）线圈支路中串接有 KM_2（KM_1）动断触头，它们保证了电路工作时 KM_1、KM_2 不会同时得电（图 2-20），以达到电气互锁目的。

2. 电气和机械双重互锁

除电气互锁外，可再采用复合按钮 SB_1 与 SB_2 组成的机械互锁环节（图 2-21），以求电路工作更加可靠。

此外，电路具有短路、过载、失电压、欠电压保护等功能。

三、实验设备与器件

实验设备与器件见表 2-28。

表 2-28　　　　　　　　实 验 设 备 与 器 件

序号	名　　称	型号与规格	数量	备注
1	三相交流电源	220V		
2	三相鼠笼式异步电动机	DJ24	1	
3	交流接触器	JZC4-40	2	D61-2
4	热继电器	D9305d	1	D61-2
5	交流电压表	0~500V	1	
6	万用表		1	自备

四、实验内容

认识各电器的结构、图形符号、接线方法；抄录电动机及各电器铭牌数据；并用万用表 Ω 挡检查各电器线圈、触头是否完好。

三相鼠笼式异步电动机按星型连接；实验线路电源端接三相自耦调压器输出端 U、V、W，供电线电压为 380V。

1. 接触器联锁的正反转控制线路

按图 2-20 接线，经指导教师检查后，方可进行通电操作。

（1）开启控制屏电源总开关，按启动按钮，调节调压器输出，使输出线电压为 380V。

（2）按正向启动按钮 SB_1，观察并记录电动机的转向和接触器的运行情况。

（3）按反向启动按钮 SB_2，观察并记录电动机和接触器的运行情况。

（4）按停止按钮 SB_3，观察并记录电动机的转向和接触器的运行情况。

（5）再按 SB_2，观察并记录电动机的转向和接触器的运行情况。

（6）实验完毕，按控制屏停止按钮，切断三相交流电源。

2. 接触器和按钮双重联锁的正反转控制线路

按图 2-21 接线，经指导教师检查后，方可进行通电操作。

（1）按控制屏启动按钮，接通线电压为 380V 的三相交流电源。

（2）按正向启动按钮 SB_1，电动机正向启动，观察电动机的转向及接触器的动作情况。按停止按钮 SB_3，使电动机停转。

（3）按反向启动按钮 SB_2，电动机反向启动，观察电动机的转向及接触器的动作情况。按停止按钮 SB_3，使电动机停转。

（4）按正向（或反向）启动按钮，电动机启动后，再去按反向（或正向）启动按钮，观察有何情况发生。

（5）电动机停稳后，同时按正、反向两只启动按钮，观察有何情况发生。

（6）失电压与欠电压保护。

1）按启动按钮 SB_1（或 SB_2）电动机启动后，按控制屏停止按钮，断开实验线路三相电源，模拟电动机失电压（或零压）状态，观察电动机与接触器的动作情况，随后，再按控制屏上启动按钮，接通三相电源，但不按 SB_1（或 SB_2），观察电动机能否自行启动。

2）重新启动电动机后，逐渐减小三相自耦调压器的输出电压，直至接触器释放，观察电动机是否自行停转。

（7）过载保护。打开热继电器的后盖，当电动机启动后，人为地拨动双金属片模拟电动机过载情况，观察电动机、电器动作情况。

注意：此项内容较难操作且危险，最好由指导教师先做示范操作。实验完毕，将自耦调压器调回零位，按控制屏停止按钮，切断实验电路电源。

五、故障分析

（1）接通电源后，按启动按钮（SB_1 或 SB_2），接触器吸合，但电动机不转且发出"嗡嗡"声响；或者虽能启动，但转速很慢。这种故障大多是主回路一相断线或电源缺相。

（2）接通电源后，按启动按钮（SB_1 或 SB_2），若接触器通断频繁，且发出连续的劈啪声或吸合不牢，发出颤动声，此类故障的原因可能是：

1）线路接错，将接触器线圈与自身的动断触头串在一条回路上了。

2）自锁触头接触不良，时通时断。

3）接触器铁芯上的短路环脱落或断裂。

4）电源电压过低或与接触器线圈电压等级不匹配。

六、思考题

（1）在电动机正反转控制线路中，为什么必须保证两个接触器不能同时工作？采用哪些措施可解决此问题，这些方法有何利弊，最佳方案是什么？

（2）在控制线路中，短路、过载、失电压、欠电压保护等功能是如何实现的？在实际运行过程中，这几种保护有何意义？

第三章　模拟电子技术实验

第一节　常用电子仪器的使用

一、实验目的

（1）学习模拟电子电路实验中常用的电子仪器示波器、函数信号发生器、直流稳压电源、交流毫伏表等的主要技术指标、性能及正确使用方法。

（2）初步掌握用双踪示波器观察正弦信号波形和读取波形参数的方法。

二、实验原理

在模拟电子电路实验中，经常使用的电子仪器有示波器、函数信号发生器、直流稳压电源、交流毫伏表及频率计等。它们和万用表一起，可以完成对模拟电子电路的静态和动态工作情况的测试。

实验中要对各种电子仪器进行综合使用，可按照信号流向，以连线简洁、调节顺手、观察与读数方便等原则进行合理布局，各仪器与被测实验装置之间的布局与连接如图 3-1 所示。接线时应注意，为防止外界干扰，各仪器的公共接地端应连接在一起，称共地。信号源和交流毫伏表的引线通常用屏蔽线或专用电缆线，示波器的接线使用专用电缆线，直流电源的接线用普通导线。

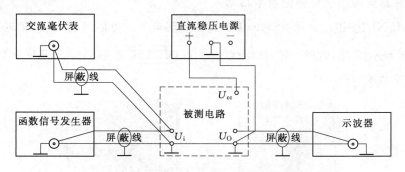

图 3-1　模拟电子电路中常用电子仪器布局图

1. 示波器

DS5000 系列数字存储示波器具有自动设置的功能。根据输入的信号，可自动调整电压倍率、时基以及触发方式至最好显示形态。应用自动设置要求被测信号的频率大于或等于 50Hz，占空比大于 1%。现着重指出下列几点：

将被测信号连接到信号输入通道；按下 $\boxed{\text{AUTO}}$ 按钮。示波器将自动设置垂直、水平和触发控制。如需要，可手动调整这些控制使波形显示达到最佳。

（1）垂直系统（图 3-2）。

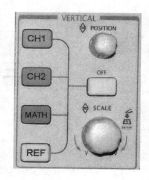

图 3-2　垂直系统

1）使用垂直 $\boxed{\text{POSITION}}$ 旋钮在波形窗口居中位置显示信号。垂直 $\boxed{\text{POSITION}}$ 旋钮控制信号的垂直显示位置。当转动垂直 $\boxed{\text{POSITION}}$ 旋钮时，指示通道地（GROUND）的标识跟随波形上下移动。

2）改变垂直设置，并观察因此导致的状态信息变化。可以通过波形窗口下方的状态栏显示的信息，确定任何垂直挡位的变化。转动垂直 $\boxed{\text{SCALE}}$ 旋钮改变"Volt/div（伏/格）"垂直挡位，可以发现状态栏对应通道的挡位显示发生了相应的变化。

按 $\boxed{\text{CH1}}$、$\boxed{\text{CH2}}$、$\boxed{\text{MATH}}$、$\boxed{\text{REF}}$，屏幕显示对应通道的操作菜单、标志、波形和挡位状态信息。按 $\boxed{\text{OFF}}$ 按钮关闭当前选择的通道。

（2）水平系统（图 3-3）。

1）使用水平 $\boxed{\text{SCALE}}$ 旋钮改变水平挡位设置，并观察因此导致的状态信息变化。转动水平 $\boxed{\text{SCALE}}$ 旋钮改变"S/div（秒/格）"水平挡位，可以发现状态栏对应通道的挡位显示发生了相应的变化。水平扫描速度从 1ns 至 50s，以 1—2—5 的形式进步，在延迟扫描状态可达到 10ps/div。

2）使用水平 $\boxed{\text{POSITION}}$ 旋钮调整信号在波形窗口的水平位置。水平 $\boxed{\text{POSITION}}$ 旋钮控制信号的触发位移或其他特殊用途。当应用于触发位移时，转动水平 $\boxed{\text{POSITION}}$ 旋钮时，可以观察到波形随旋钮而水平移动。

3）按 $\boxed{\text{MENU}}$ 按钮，显示 TIME 菜单。在此菜单下，可以开启/关闭延迟扫描或切换 Y-T、X-Y 显示模式。此外，还可以设置水平 $\boxed{\text{POSITION}}$ 旋钮的触发位移或触发释抑模式。

（3）触发系统（图 3-4）。

图 3-3　水平系统　　图 3-4　触发系统

1）使用 $\boxed{\text{LEVEL}}$ 旋钮改变触发电平设置。转动 $\boxed{\text{LEVEL}}$ 旋钮，可以发现屏幕上出现一条橘红色（单色液晶系列示波器显示为黑色）的触发线以及触发标志，随旋钮转动而上下移动。停止转动旋钮，此触发线和触发标志会在约 5s 后消失。在移动触发线的同时，可以观察到在屏幕上触发电平的数值或百分比发生了变化（在触发耦合为交流或低频抑制时，触发电平以百分比显示）。

2）使用 $\boxed{\text{MENU}}$ 调出触发操作菜单（图 3-5），改变触发的设置，观察由此造成的状态变化。

图 3-5　触发操作菜单

按 1 号菜单操作按键，选择边沿触发。

按 2 号菜单操作按键，选择"信源选择"为 CH1。

按 3 号菜单操作按键，设置"边沿类型"为上升沿。

按 4 号菜单操作按键，设置"触发方式"为自动。

按 5 号菜单操作按键，设置"耦合"为直流。

2. 函数信号发生器

函数信号发生器按需要输出正弦波、方波、三角波三种信号波形。输出电压最大可达 $20U_{\text{p-p}}$。通过输出衰减开关和输出幅度调节旋钮，可使输出电压在毫伏级到伏级范围内连续调节。函数信号发生器的输出信号频率可以通过频率分挡开关进行调节。

作为信号源，函数信号发生器的输出端不允许短路。

3. 交流毫伏表

交流毫伏表只能在其工作频率范围之内用来测量正弦交流电压的有效值。为了防止过载而损坏，测量前一般先把量程开关置于量程较大位置，然后在测量中逐挡减小量程。

三、实验设备与器件

实验设备与器件见表 3-1。

表 3-1　　　　　　　　　　实验设备与器件

序号	名　称	型号与规格	数量	备注
1	函数信号发生器		1	
2	双踪示波器		1	
3	交流毫伏表		1	
4	电容	$0.01\mu F$	1	
5	电阻	$10k\Omega$	1	

四、实验内容

1. 用机内校正信号对示波器进行自检

（1）测试"校正信号"波形的幅度、频率。将示波器的"校正信号"通过专用电缆线引入选定的 CH1 或 CH2 通道，按下 $\boxed{\text{AUTO}}$ 按钮，示波器上将自动显示其波形。

（2）校准"校正信号"的幅度。

$$U_{\text{p-p}}＝垂直方向的格数×垂直偏转因数$$

读取校正信号幅度，记入表 3-2。

表 3 - 2   **实 验 数 据 记 录 表**

测量参数	标准值	实测值	测量参数	标准值	实测值
幅度 U_{p-p}/V			上升时间 μs		
频率 f/kHz			下降时间/μs		

（3）校准"校正信号"频率。

$$f = \frac{1}{T} = \frac{1}{两点之间水平距离（格）\times 扫描时间因数（时间/格）}$$

（4）测量"校正信号"的上升时间和下降时间。用 AUTO 挡按图 3 - 6 计算上升时间 T。

2. 用示波器和交流毫伏表测量信号参数

调节函数信号发生器有关旋钮，使输出频率分别为 100Hz、1kHz、10kHz、100kHz，有效值均为 1V（交流毫伏表测量值）的正弦波信号。

用示波器测量信号源输出电压频率及峰峰值，记入表 3 - 3。

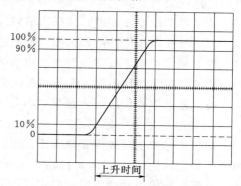

图 3 - 6   上升时间和下降时间

表 3 - 3   **实 验 数 据 记 录 表**

信号电压频率	示波器测量值		信号电压 毫伏表读数/V	示波器测量值	
	周期/ms	频率/Hz		峰峰值/V	有效值/V
100Hz					
1kHz					
10kHz					
100kHz					

3. 测量两波形间相位差

（1）按图 3 - 7 连接实验电路，将函数信号发生器的输出电压调至频率为 1kHz、有效值为 2V 的正弦波，经 RC 移相网络获得频率相同但相位不同的两路信号 u_i 和 u_R，分别加

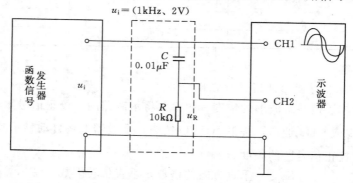

图 3 - 7   两波形间相位差测量电路

到双踪示波器的 Y_1 和 Y_2 输入端。

为便于稳定波形，比较两波形相位差，应使内触发信号取自被设定作为测量基准的一路信号。

（2）用 $\boxed{AUTO}$ 挡测试。在显示屏上显示出易于观察的两个相位不同的正弦波形 u_i 及 u_R，如图 3-8 所示。根据两波形在水平方向差距 X 及信号周期 X_T，则可求得两波形相位差。

（3）如果波形大小不一致，可以分别通过 CH1 或 CH2，用 $\boxed{SCALE}$ 细调（细调时按下 $\boxed{SCALE}$ 键）。

$$\theta = \frac{X(\mathrm{div})}{X_T(\mathrm{div})} \times 360°$$

式中 X_T——一周期所占格数；

X——两波形在 X 轴方向差距格数。

记录两波形相位差于表 3-4。

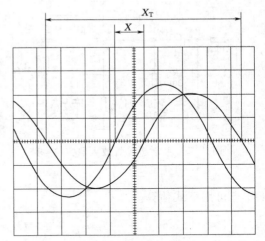

图 3-8 双踪示波器显示两相位不同的正弦波

表 3-4 　　　　　　　　　**实 验 数 据 记 录 表**

一周期格数	两波形 X 轴差距格数	相 位 差	
		实测值	计算值
$X_T=$	$X=$	$\theta=$	$\theta=$

计算值　　　　　　　　　　　$\theta = \arctan \dfrac{1}{\omega RC}$

五、实验报告

（1）函数信号发生器有哪几种输出波形？它的输出端能否短接，如用屏蔽线作为输出引线，则屏蔽层一端应该接在哪个接线柱上？

（2）交流毫伏表是用来测量正弦波电压还是非正弦波电压？它的表头指示值是被测信号的什么数值？它是否可以用来测量直流电压的大小？

六、思考题

已知 $C=0.01\mu F$、$R=10k\Omega$，计算图 3-7 RC 移相网络的阻抗角 θ。

第二节　晶体管共射极单管放大器

一、实验目的

（1）学会放大器静态工作点的调试方法，分析静态工作点对放大器性能的影响。

（2）掌握放大器电压放大倍数、输入电阻、输出电阻及最大不失真输出电压测试方法。

（3）熟悉常用电子仪器及模拟电路实验设备与器件的使用。

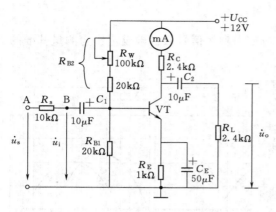

图 3-9 共射极单管放大器实验电路

二、实验原理

图 3-9 为电阻分压式工作点稳定单管放大器实验电路图。它的偏置电路采用 R_{B1} 和 R_{B2} 组成的分压电路，并在发射极中接有电阻 R_E，以稳定放大器的静态工作点。当在放大器的输入端加入输入信号 u_i 后，在放大器的输出端便可得到一个与 u_i 相位相反、幅值被放大了的输出信号 u_o，从而实现了电压放大。

在图 3-9 电路中，当流过偏置电阻 R_{B1} 和 R_{B2} 的电流远大于晶体管 VT 的基极电流 I_B 时（一般 5～10 倍），则它的静态工作点可用下式估算

$$U_B \approx \frac{R_{B1}}{R_{B1}+R_{B2}} U_{CC} \quad I_E \approx \frac{U_B-U_{BE}}{R_E} \approx I_C$$

$$U_{CE} = U_{CC} - I_C(R_C + R_E)$$

电压放大倍数

$$A_u = -\beta \frac{R_C /\!/ R_L}{r_{be}}$$

输入电阻

$$R_i = R_{B1} /\!/ R_{B2} /\!/ r$$

输出电阻

$$R_o \approx R_C$$

由于电子器件性能的分散性比较大，因此在设计和制作晶体管放大电路时，离不开测量和调试技术。在设计前应测量所用元器件的参数，为电路设计提供必要的依据，在完成设计和装配以后，还必须测量和调试放大器的静态工作点和各项性能指标。一个优质放大器，必定是理论设计与实验调试相结合的产物。因此，除了学习放大器的理论知识和设计方法外，还必须掌握必要的测量和调试技术。

放大器的测量和调试一般包括：放大器静态工作点的测量与调试，消除干扰与自激振荡及放大器各项动态参数的测量与调试等。

1. 放大器静态工作点的测量与调试

（1）静态工作点的测量。测量放大器的静态工作点，应在输入信号 $u_i = 0$ 的情况下进行，即将放大器输入端与地端短接，然后选用量程合适的直流毫安表和直流电压表，分别测量晶体管的集电极电流 I_C 以及各电极对地的电位 U_B、U_C 和 U_E。一般实验中，为了避免断开集电极，采用测量电压 U_E 或 U_C，然后算出 I_C 的方法，例如，只要测出 U_E，即可用 $I_C \approx I_E = \dfrac{U_E}{R_E}$ 算出 I_C（也可根据 $I_C = \dfrac{U_{CC}-U_C}{R_C}$，由 U_C 确定 I_C），同时也能算出 $U_{BE} = U_B - U_E$，$U_{CE} = U_C - U_E$。

为了减小误差、提高测量精度，应选用内阻较高的直流电压表。

（2）静态工作点的调试。放大器静态工作点的调试是指对晶体管集电极电流 I_C（或 U_{CE}）的调整与测试。

静态工作点是否合适，对放大器的性能和输出波形都有很大影响。如工作点偏高，放大器在加入交流信号以后易产生饱和失真，此时 u_o 的负半周将被削底，如图 3-10（a）所示；如工作点偏低，则易产生截止失真，即 u_o 的正半周被缩顶（一般截止失真不如饱和失真明显），如图 3-10（b）所示。这些情况都不符合不失真放大的要求。所以在选定工作点以后还必须进行动态调试，即在放大器的输入端加入一定的输入电压 u_i，检查输出电压 u_o 的大小和波形是否满足要求。如不满足，则应调节静态工作点的位置。

改变电路参数 U_{CC}、R_C、R_B（R_{B1}、R_{B2}）都会引起静态工作点的变化，如图 3-11 所示。但通常采用调节偏置电阻 R_{B2} 的方法来改变静态工作点，如减小 R_{B2}，则可使静态工作点提高等。

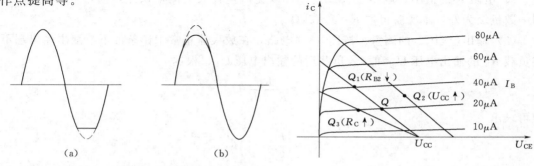

图 3-10 静态工作点对 u_o 波形失真的影响　　图 3-11 电路参数对静态工作点的影响

最后还要说明的是，上面所说的工作点"偏高"或"偏低"不是绝对的，应该是相对信号的幅值而言，如输入信号幅值很小，即使工作点较高或较低也不一定会出现失真。所以确切地说，产生波形失真是信号幅值与静态工作点设置配合不当所致。如需满足较大信号幅值的要求，静态工作点应尽量靠近交流负载线的中点。

2. 放大器动态指标测试

放大器动态指标包括电压放大倍数、输入电阻、输出电阻、最大不失真输出电压（动态范围）和通频带等。

（1）电压放大倍数 A_u 的测量。调整放大器到合适的静态工作点，然后加入输入电压 u_i，在输出电压 u_o 不失真的情况下，用交流毫伏表测出 u_i 和 u_o 的有效值 U_i 和 U_o，则

$$A_u = \frac{U_o}{U_i}$$

（2）输入电阻 R_i 的测量。为了测量放大器的输入电阻，按图 3-12 电路在被测放大器的输入端与信号源之间串入一已知电阻 R，在放大器正常工作的情况下，用交流毫伏表测出 U_s 和 U_i，则根据输入电阻的定义可得

$$R_i = \frac{U_i}{I_i} = \frac{U_i}{\dfrac{U_R}{R}} = \frac{U_i}{U_s - U_i}R$$

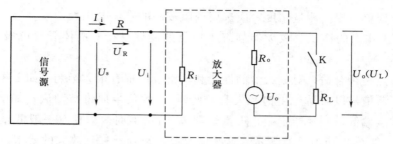

图 3－12　输入、输出电阻测量电路

测量时应注意下列几点：

1）由于电阻 R 两端没有电路公共接地点，所以测量 R 两端电压 U_R 时必须分别测出 U_s 和 U_i，然后按 $U_R = U_s - U_i$ 求出 U_R 值。

2）电阻 R 的值不宜取得过大或过小，以免产生较大的测量误差，通常取 R 与 R_i 为同一数量级为好，本实验可取 $R = 1 \sim 2\text{k}\Omega$。

（3）输出电阻 R_o 的测量。按图 3－9 电路，在放大器正常工作条件下，测出输出端不接负载 R_L 的输出电压 U_o 和接入负载后的输出电压 U_L，根据

$$U_L = \frac{R_L}{R_o + R_L} U_o$$

即可求出

$$R_o = \left(\frac{U_o}{U_L} - 1 \right) R_L$$

在测试中应注意，必须保持 R_L 接入前后输入信号的大小不变。

（4）最大不失真输出电压 U_{OPP} 的测量（最大动态范围）。如上所述，为了得到最大动态范围，应将静态工作点调在交流负载线的中点。为此在放大器正常工作情况下，逐步增大输入信号的幅值，并同时调节 R_w（改变静态工作点），用示波器观察 u_o。当输出波形同时出现削底和缩顶现象（图 3－13）时，说明静态工作点已调在交流负载线的中点。然后反复调整输入信号，使波形输出幅值最大，且无明显失真时，用交流毫伏表测出 U_o（有效值），则动态范围等于 $2\sqrt{2}U_o$。或用示波器直接读出 U_{OPP} 来。

（5）放大器幅频特性的测量。放大器的幅频特性是指放大器的电压放大倍数 A_u 与输入信号频率 f 之间的关系曲线。单管阻容耦合放大电路的幅频特性曲线如图 3－14 所示，

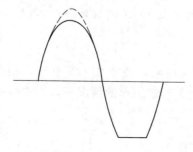

图 3－13　静态工作点正常、
输入信号太大引起的失真

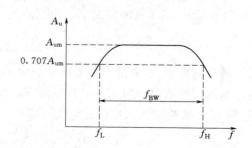

图 3－14　幅频特性曲线

A_{um} 为中频电压放大倍数，通常规定电压放大倍数随频率变化下降到中频放大倍数的 $1/\sqrt{2}$ 倍（即 $0.707A_{um}$）所对应的频率分别称为下限频率 f_L 和上限频率 f_H，则通频带

$$f_{BW} = f_H - f_L$$

放大器的幅率特性就是测量不同频率信号时的电压放大倍数 A_u。为此，可采用前述测 A_u 的方法，每改变一个信号频率，测量其相应的电压放大倍数，测量时应注意取点要恰当，在低频段与高频段应多测几点，在中频段可以少测几点。此外，在改变频率时，要保持输入信号的幅值不变，且输出波形不得失真。

三、实验设备与器件

实验设备与器件见表 3-5。

表 3-5　　　　　　　　　　　实 验 设 备 与 器 件

序号	名　称	型号与规格	数量	备注
1	直流电源	+12V	1	
2	函数信号发生器		1	
3	双踪示波器		1	
4	交流毫伏表		1	
5	直流电压表		1	
6	直流毫安表		1	
7	频率计		1	
8	万用表		1	
9	晶体三极管	3DG6×1(β=50～100) 或 9011×1	1	
10	电阻器		1	
11	电容器		1	

四、实验内容

实验电路如图 3-9 所示。各电子仪器可按图 3-1 所示方式连接，为防止干扰，各仪器的公共端必须连在一起，同时信号源、交流毫伏表和示波器的引线应采用专用电缆线或屏蔽线，如使用屏蔽线，则屏蔽线的外包金属网应接在公共接地端上。

1. 调试静态工作点

接通直流电源前，先将 R_W 调至最大，函数信号发生器输出旋钮旋至零。接通 +12V 电源、调节 R_W，使 $I_C=2.0mA$（即 $U_E=2.0V$），用直流电压表测量 U_B、U_E、U_C 及用万用表测量 R_{B2} 值。记入表 3-6。

表 3-6　　　　　　　　　　　$I_C=2mA$

测　量　值				计　算　值		
U_B/V	U_E/V	U_C/V	$R_{B2}/k\Omega$	U_{BE}/V	U_{CE}/V	I_C/mA

2. 测量输入电阻和输出电阻

置 $R_C=2.4k\Omega$、$R_L=2.4k\Omega$、$I_C=2.0mA$，输入 $f=1kHz$ 的正弦信号，$U_i \approx 5mV$，

在输出电压 u_o 不失真的情况下，用交流毫伏表测出 U_s、U_i 和 U_L，记入表 3-7。

保持 U_s 不变，断开 R_L，测量输出电压 U_o，记入表 3-7。

表 3-7 $I_C = 2.0\text{mA}$、$U_i = 5\text{mV}$

U_s/mV	U_i/mV	R_i/kΩ		U_L/V	U_o/V	R_o/kΩ	
		测量值	计算值			测量值	计算值

3. 测量电压放大倍数

在放大器输入端加入频率为 1kHz 的正弦信号 u_s，调节函数信号发生器的输出旋钮使放大器输入电压 $U_i \approx 5\text{mV}$，同时用示波器观察放大器输出电压 u_o 波形，在波形不失真的条件下用交流毫伏表测量表 3-8 所列三种情况下的 U_o 值，并用双踪示波器观察 u_o 和 u_i 的相位关系，记入表 3-8。

表 3-8 $I_C = 2.0\text{mA}$、$U_i = 5\text{mV}$

R_C/kΩ	R_L/kΩ	U_o/V	A_u	观察记录一组 u_o 和 u_i 波形
2.4	∞			
1.2	∞			
2.4	2.4			

4. 观察静态工作点对输出波形失真的影响

置 $R_C = 2.4\text{kΩ}$、$R_L = 2.4\text{kΩ}$、$u_i = 0$，调节 R_W 使 $I_C = 2.0\text{mA}$，测出 U_{CE} 值，再逐步加大输入信号，使输出电压 u_o 足够大但不失真。然后保持输入信号不变，分别增大和减小 R_W，使波形出现失真，绘出 u_o 的波形，并测出失真情况下的 I_C 和 U_{CE} 值，记入表 3-9 中。每次测 I_C 和 U_{CE} 值时都要将信号源的输出旋钮旋至零。

表 3-9 $R_C = 2.4\text{kΩ}$、$R_L = 2.4\text{kΩ}$、$U_i = 5\text{mV}$

I_C/mA	U_{CE}/V	u_o 波形	失真情况	晶体管工作状态
2.0				

五、实验报告

（1）总结 R_C、R_L 及静态工作点对放大器电压放大倍数、输入电阻、输出电阻的影响。

（2）讨论静态工作点变化对放大器输出波形的影响。

（3）分析讨论在调试过程中出现的问题。

六、思考题

（1）阅读教材中有关单管放大电路的内容并估算实验电路的性能指标。假设：3DG6 的 $\beta=60$，$R_{B1}=20k\Omega$，$R_{B2}=60k\Omega$，$R_C=2.4k\Omega$，$R_L=2.4k\Omega$。估算放大器的静态工作点、电压放大倍数 A_u、输入电阻 R_i 和输出电阻 R_o。

（2）能否用直流电压表直接测量晶体管的 U_{BE}？为什么实验中要采用测 U_B、U_E，再间接算出 U_{BE} 的方法？

（3）怎样测量 R_{B2} 阻值？

（4）当调节偏置电阻 R_{B2}，使放大器输出波形出现饱和或截止失真时，晶体管的管压降 U_{CE} 怎样变化？

（5）改变静态工作点对放大器的输入电阻 R_i 有否影响？改变外接电阻 R_L 对输出电阻 R_o 有否影响？

（6）在测试 A_u、R_i 和 R_o 时怎样选择输入信号的大小和频率？为什么信号频率一般选 1kHz，而不选 100kHz 或更高？

（7）测试中，如果将函数信号发生器、交流毫伏表、示波器中任一仪器的两个测试端子接线换位（即各仪器的接地端不再连在一起），将会出现什么问题？

注意：图 3-15 所示为共射极单管放大器与带有负反馈的两级放大器共用实验模块。如将 K_1、K_2 断开，则前级（Ⅰ）为典型电阻分压式单管放大器；如将 K_1、K_2 接通，则前级（Ⅰ）与后级（Ⅱ）接通，组成带有电压串联负反馈两级放大器。

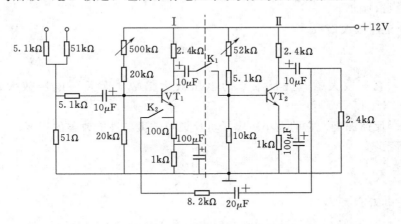

图 3-15 共射极单管放大器实验模块电路

第三节 负 反 馈 放 大 器

一、实验目的

加深理解放大电路中引入负反馈的方法和负反馈对放大器各项性能指标的影响。

二、实验原理

负反馈在电子电路中有着非常广泛的应用，虽然它使放大器的放大倍数降低，但能在多方面改善放大器的动态指标，如稳定放大倍数，改变输入、输出电阻，减小非线性失真和展宽通频带等。因此，几乎所有的实用放大器都带有负反馈。

负反馈放大器有四种组态，即电压串联、电压并联、电流串联、电流并联。本实验以电压串联负反馈为例，分析负反馈对放大器各项性能指标的影响。

（1）图 3-16 所示为带有负反馈的两级阻容耦合放大电路，在电路中通过 R_f 把输出电压 u_o 引回输入端，加在晶体管 VT_1 的发射极上，在发射极电阻 R_{F1} 上形成反馈电压 u_f。根据反馈的判断法可知，它属于电压串联负反馈。

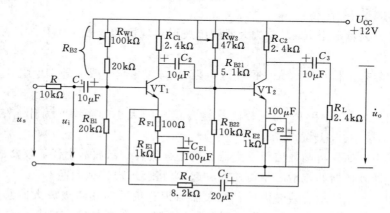

图 3-16 带有电压串联负反馈的两级阻容耦合放大器

主要性能指标如下：

1）闭环电压放大倍数。

$$A_{uf} = \frac{A_u}{1 + A_u F_u}$$

式中 A_u——基本放大器（无反馈）的电压放大倍数，即开环电压放大倍数，$A_u = U_o / U_i$；

$1 + A_u F_u$——反馈深度，它的大小决定了负反馈对放大器性能改善的程度。

2）反馈系数。

$$F_u = \frac{R_{F1}}{R_f + R_{F1}}$$

3）输入电阻。

$$R_{if} = (1 + A_u F_u) R_i$$

式中 R_i——基本放大器的输入电阻。

按框图法进行计算，考虑偏流电阻的影响，输入电阻应为

$$r_{if} = R_{B1} // R_{B2} // R_{if}$$

4）输出电阻。

$$R_{of} = \frac{R_o}{1 + A_{uo} F_u}$$

式中 R_o——基本放大器的输出电阻；

A_{uo}——基本放大器 $R_L = \infty$ 时的电压放大倍数。

（2）本实验还需要测量基本放大器的动态参数，怎样实现无反馈而得到基本放大器呢？不能简单地断开反馈支路，而是要去掉反馈作用，但又要把反馈网络的影响（负载效应）考虑到基本放大器中去。

为此：

1）在画基本放大器的输入回路时，因为是电压负反馈，所以可将负反馈放大器的输出端交流短路，即令 $u_o = 0$，此时 R_f 相当于并联在 R_{F1} 上。

2）在画基本放大器的输出回路时，由于输入端是串联负反馈，因此需将反馈放大器的输入端（VT_1 管的射极）开路，此时（$R_f + R_{F1}$）相当于并接在输出端。可近似认为 R_f 并接在输出端。

根据上述规律，就可得到所要求的如图 3-17 所示的基本放大器。

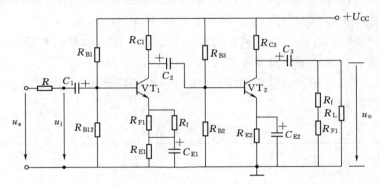

图 3-17 基本放大器

三、实验设备与器件

实验设备与器件见表 3-10。

表 3-10　　　　　　　　　　　　实 验 设 备 与 器 件

序号	名　称	型号与规格	数量	备注
1	直流电源	+12V	1	
2	函数信号发生器		1	
3	双踪示波器		1	
4	交流毫伏表		1	
5	直流电压表		1	
6	直流毫安表		1	
7	频率计		1	
8	万用表		1	
9	晶体三极管	3DG6（β=50～100）或 9011	2	
10	电阻器		若干	
11	电容器		若干	

四、实验内容

1. 测量静态工作点

按图 3-16 连接实验电路，用短接线将前、后极连接起来（共有三处），取 $U_{CC}=$ $+12V$、$U_i=0$，通过调节 R_{W1} 和 R_{W2} 使 $I_{C1}=I_{C2}=2mA$、即 $U_{E1}=2.2V$，$U_{E2}=2.0V$，然后用直流电压表分别测量第一级、第二级的静态工作点，记入表 3-11。

表 3-11 $I_{C1}\approx I_{E1}=2mA$、$I_{C2}\approx I_{E2}=2mA$

	U_B/V	U_E/V	U_C/V	I_C/mA
第一级				
第二级				

2. 测试基本放大器的各项性能指标

将实验电路按图 3-17 改接，即把 R_f 断开后分别并在 R_{F1} 和 R_L 上，其他连线不动。

（1）测量中频电压放大倍数 A_u、输入电阻 R_i 和输出电阻 R_o。

1）以 $f=1kHz$、$U_s\approx 5mV$ 正弦信号输入放大器，用示波器监视输出波形 u_o，在 u_o 不失真的情况下，用交流毫伏表测量 U_s、U_i、U_L，记入表 3-12。

2）保持 U_s 不变，断开负载电阻 R_L（注意：R_f 不要断开），测量空载时的输出电压 U_o，记入表 3-12。

表 3-12   实 验 数 据 记 录 表

基本放大器	U_s/mV	U_i/mV	U_L/V	U_o/V	A_u	$R_i/k\Omega$	$R_o/k\Omega$
负反馈放大器	U_s/mV	U_i/mV	U_L/V	U_o/V	A_{uf}	$R_{if}/k\Omega$	$R_{of}/k\Omega$

（2）测量通频带。接上 R_L，保持（1）中的 U_s 不变，然后增加和减小输入信号的频率，找出上、下限频率 f_H 和 f_L，记入表 3-13。

表 3-13   实 验 数 据 记 录 表

基本放大器	f_L/kHz	f_H/kHz	$\Delta f/kHz$
负反馈放大器	f_{Lf}/kHz	f_{Hf}/kHz	$\Delta f_f/kHz$

3. 测试负反馈放大器的各项性能指标

将实验电路恢复为图 3-16 所示的负反馈放大电路。适当加大 U_s（约 10mV），在输出波形不失真的条件下，测量负反馈放大器的 A_{uf}、R_{if} 和 R_{of}，记入表 3-12；测量 f_{Hf} 和 f_{Lf}，记入表 3-13。

五、实验报告

根据实验结果，总结电压串联负反馈对放大器性能的影响。

六、思考题

（1）按图 3-16 所示电路估算放大器的静态工作点（取 $\beta_1 = \beta_2 = 100$）。

（2）怎样把负反馈放大器改接成基本放大器？为什么要把 R_f 并接在输入和输出端？

（3）估算基本放大器的 A_u、R_i 和 R_o；估算负反馈放大器的 A_{uf}、R_{if} 和 R_{of}，并验算它们之间的关系。

（4）如按深负反馈估算，则闭环电压放大倍数 A_{uf} 为多少？与测量值是否一致？为什么？

（5）如输入信号存在失真，能否用负反馈来改善？

（6）怎样判断放大器是否存在自激振荡？如何进行消振？

第四节　差动放大电路

一、实验目的

（1）加深对差动放大器性能及特点的理解。

（2）学习差动放大器主要性能指标的测试方法。

二、实验原理

如图 3-18 所示是差动放大器的基本结构。它由两个元件参数相同的基本共射放大电路组成。当开关 K 拨向左边时，构成典型的差动放大器。调零电位器 R_P 用来调节 VT_1、VT_2 管的静态工作点，使得输入信号 $u_i = 0$ 时，双端输出电压 $u_o = 0$。R_E 为两管共用的发射极电阻，它对差模信号无负反馈作用，因而不影响差模电压放大倍数，但对共模信号有较强的负反馈作用，故可以有效地抑制零漂，稳定静态工作点。当开关 K 拨向右边时，构成具有恒流源的差动放大器。它用晶体管恒流源代替发射极电阻 R_E，可以进一步提高差动放大器抑制共模信号的能力。

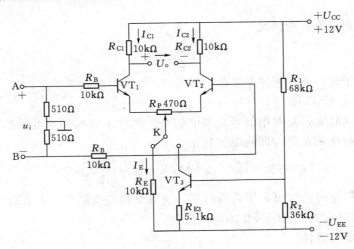

图 3-18　差动放大器实验电路

1. 静态工作点的估算

典型电路的估算方法为

$$I_E \approx \frac{|U_{EE}| - U_{BE}}{R_E} \ (认为 \ U_{B1} = U_{B2} \approx 0)$$

$$I_{C1} = I_{C2} = \frac{1}{2} I_E$$

恒流源电路

$$I_{C3} \approx I_{E3} \approx \frac{\dfrac{R_2}{R_1 + R_2}(U_{CC} + |U_{EE}|) - U_{BE}}{R_{E3}}$$

$$I_{C1} = I_{C2} = \frac{1}{2} I_{C3}$$

2. 差模电压放大倍数和共模电压放大倍数

当差动放大器的射极电阻 R_E 足够大，或采用恒流源电路时，差模电压放大倍数 A_d 由输出端方式决定，而与输入方式无关。

双端输出：$R_E = \infty$，R_p 在中心位置时，有

$$A_d = \frac{\Delta U_o}{\Delta U_i} = -\frac{\beta R_C}{R_B + r_{be} + \dfrac{1}{2}(1 + \beta)R_p}$$

单端输出

$$A_{d1} = \frac{\Delta U_{C1}}{\Delta U_i} = \frac{1}{2} A_d$$

$$A_{d2} = \frac{\Delta U_{C2}}{\Delta U_i} = -\frac{1}{2} A_d$$

当输入共模信号时，若为单端输出，则有

$$A_{C1} = A_{C2} = \frac{\Delta U_{C1}}{\Delta U_i} = \frac{-\beta R_C}{R_B + r_{be} + (1 + \beta)\left(\dfrac{1}{2} R_P + 2R_E\right)} \approx -\frac{R_C}{2R_E}$$

若为双端输出，在理想情况下

$$A_C = \frac{\Delta U_o}{\Delta U_i} = 0$$

实际上，由于元件不可能完全对称，因此 A_C 也不会绝对等于零。

3. 共模抑制比 CMRR

为了表示差动放大器对有用信号（差模信号）的放大作用和对共模信号的抑制能力，通常用一个综合指标来衡量，即共模抑制比

$$CMRR = \left|\frac{A_d}{A_c}\right| \ 或 \ CMRR = 20\lg\left|\frac{A_d}{A_c}\right| \ (dB)$$

差动放大器的输入信号可采用直流信号，也可采用交流信号。本实验由函数信号发生器提供频率 $f = 1kHz$ 的正弦信号作为输入信号。

三、实验设备与器件

实验设备与器件见表 3 - 14。

四、实验内容

1. 典型差动放大电路性能测试

按图 3 - 18 连接实验电路，开关 K 拨向左边构成典型差动放大器。

表 3 - 14 实验设备与器件

序号	名　称	型号与规格	数量	备　注
1	直流电源	±12V	1	
2	函数信号发生器		1	
3	双踪示波器		1	
4	交流毫伏表		1	
5	直流电压表		1	
6	直流毫安表		1	
7	频率计		1	
8	万用表		1	
9	晶体三极管	3DG6 或 9011	3	要求 VT_1、VT_2 管特性参数一致
10	电阻器		1	
11	电容器		1	

（1）测量静态工作点。

1）调节放大器零点。信号源不接入，将放大器输入端 A、B 与地短接，接通 ±12V 直流电源，用直流电压表测量输出电压 U_o，调节调零电位器 R_p，使 $U_o = 0$。调节要仔细，力求准确。

2）测量静态工作点。零点调好以后，用直流电压表测量 VT_1、VT_2 管各电极电位及射极电阻 R_E 两端电压 U_{RE}，记入表 3 - 15。

表 3 - 15 实验数据记录表

测量值	U_{C1}/V	U_{B1}/V	U_{E1}/V	U_{C2}/V	U_{B2}/V	U_{E2}/V	U_{RE}/V
计算值	I_C/mA		I_B/mA			U_{CE}/V	

注 测量时应选择合适的"电压挡位"以减少测量误差。

（2）测量差模电压放大倍数。断开直流电源，将函数信号发生器的输出端分别接入放大器输入 A 端与地之间构成单端输入方式，调节输入信号为频率 $f = 1kHz$ 的正弦信号，并使输出旋钮旋至零，用示波器监视输出端（集电极 C_1 或 C_2 与地之间）。

接通 ±12V 直流电源，逐渐增大输入电压 U_i（约 100mV），在输出波形无失真的情况下，用交流毫伏表测量 U_i、U_{C1}、U_{C2}，记入表 3 - 16，并观察 u_i、u_{C1}、u_{C2} 之间的相位关系及 U_{RE} 随 U_i 改变而变化的情况。

（3）测量共模电压放大倍数。将放大器 A、B 短接，信号源接 A 端与地之间，构成共模输入方式，调节输入信号 $f = 1kHz$、$U_i = 1V$，在输出电压无失真的情况下，测量 U_{C1}、U_{C2} 之值记入表 3 - 16，并观察 u_i、u_{C1}、u_{C2} 之间的相位关系及 U_{RE} 随 U_i 改变而变化的情况。

表 3-16　　　　　　　　　实 验 数 据 记 录 表

参　　数	典型差动放大电路		具有恒流源差动放大电路	
	单端输入	共模输入	单端输入	共模输入
U_i	100mV	1V	100mV	1V
U_{C1}/V				
U_{C2}/V				
$A_{d1}=\dfrac{U_{C1}}{U_i}$		—		—
$A_d=\dfrac{U_o}{U_i}$				—
$A_{C1}=\dfrac{U_{C1}}{U_i}$	—		—	
$A_C=\dfrac{U_o}{U_i}$	—		—	
$CMRR=\left\|\dfrac{A_d}{A_C}\right\|$	单端输出	双端输出	单端输出	双端输出

2. 具有恒流源差动放大电路性能测试

将图 3-18 所示电路中开关 K 拨向右边,构成具有恒流源的差动放大电路。重复典型差动放大电路性能测试中(2)、(3)的要求,记入表 3-16。

五、实验报告

(1) 比较 u_i、u_{C1} 和 u_{C2} 之间的相位关系。

(2) 根据实验结果,总结电阻 R_E 和恒流源的作用。

六、思考题

(1) 根据实验电路参数,估算典型差动放大器和具有恒流源差动放大器的静态工作点及差模电压放大倍数(取 $\beta_1=\beta_2=60$)。

(2) 测量静态工作点时,放大器输入端 A、B 与地应如何连接?

(3) 实验中怎样获得双端和单端输入差模信号?怎样获得共模信号?画出 A、B 端与信号源之间的连接图。

(4) 怎样进行静态调零点?用什么仪表测 U_o?

(5) 怎样用交流毫伏表测量双端输出电压 U_o?

第五节　低频功率放大器

一、实验目的

(1) 进一步理解 OTL 功率放大器的工作原理。

(2) 学会 OTL 电路的调试及主要性能指标的测试方法。

二、实验原理

图 3-19 所示为 OTL 低频功率放大器。其中由晶体三极管 VT_1 组成推动级(也称前置放大级),VT_2、VT_3 是一对参数对称的 NPN 和 PNP 型晶体三极管,它们组成互补推

挽 OTL 功放电路。由于每一个管子都接成射极输出器形式，因此具有输出电阻低、负载能力强等优点，适合于做功率输出级。VT_1 工作于甲类状态，它的集电极电流 I_{C1} 由电位器 R_{W1} 进行调节。I_{C1} 的一部分流经电位器 R_{W2} 及二极管 VD，给 VT_2、VT_3 提供偏压。调节 R_{W2}，可以使 VT_2、VT_3 得到合适的静态电流而工作于甲、乙类状态，以克服交越失真。静态时要求输出端中点 A 的电位 $U_A = \frac{1}{2}U_{CC}$，可以通过调节 R_{W1} 来实现，又由于 R_{W1} 的一端接在 A 点，因此在电路中引入交、直流电压并联负反馈，不仅能够稳定放大器的静态工作点，同时也改善了非线性失真。

当输入正弦交流信号 u_i 时，经 VT_1 放大、倒相后同时作用于 VT_2、VT_3 的基极，u_i 的负半周使 VT_2 导通（VT_3 截止），有电流通过负载 R_L，同时向电容 C_0 充电，在 u_i 的正半周，VT_3 导通（VT_2 截止），则已充好电的电容器 C_0 起着电源的作用，通过负载 R_L 放电，这样在 R_L 上就得到完整的正弦波。

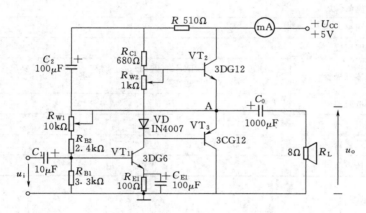

图 3-19　OTL 功率放大器实验电路

C_2 和 R 构成自举电路，用于提高输出电压正半周的幅值，以得到大的动态范围。

OTL 电路的主要性能指标如下。

1. 最大不失真输出功率 P_{om}

理想情况下，$P_{om} = \frac{1}{8}\frac{U_{CC}^2}{R_L}$，在实验中可通过测量 R_L 两端的电压有效值，来求得实际的 $P_{om} = \frac{U_o^2}{R_L}$。

2. 效率 η

$$\eta = \frac{P_{om}}{P_E}100\%$$

式中　P_E——直流电源供给的平均功率。

理想情况下，$\eta_{max} = 78.5\%$。在实验中，可测量电源供给的平均电流 I_{dC}，从而求得 $P_E = U_{CC}I_{dC}$，负载上的交流功率已用上述方法求出，因而也就能计算实际效率了。

3. 频率响应

详见"晶体管共射极单管放大器"有关部分内容。

4. 输入灵敏度

输入灵敏度是指输出最大不失真功率时，输入信号 U_i 之值。

三、实验设备与器件

实验设备与器件见表 3-17。

表 3-17　　　　　　　　　　　　　　实 验 设 备 与 器 件

序号	名　称	型号与规格	数量	备　注
1	直流电源	+5V	1	
2	函数信号发生器		1	
3	双踪示波器		1	
4	交流毫伏表		1	
5	直流电压表		1	
6	直流毫安表		1	
7	频率计		1	
8	万用表		1	
9	晶体三极管	3DG6（9011）、3DG12（9013）、3CG12（9012）	各1	要求 VT$_2$、VT$_3$ 特性参数对称
10	电阻器		1	
11	电容器		1	
12	二极管	IN4007		
13	扬声器	8Ω		

四、实验内容

在整个测试过程中，电路不应有自激现象。

1. 静态工作点的测试

按图 3-19 连接实验电路，将输入信号旋钮旋至零（$u_i = 0$），电源进线中串入直流毫安表，电位器 R_{W2} 置最小值，R_{W1} 置中间位置。接通 +5V 电源，观察毫安表指示，同时用手触摸输出级管子，若电流过大或管子温升显著，应立即断开电源检查原因（如 R_{W2} 开路、电路自激或输出管性能不好等）。如无异常现象，可开始调试。

（1）调节输出端中点电位 U_A。调节电位器 R_{W1}，用直流电压表测量 A 点电位，使 $U_A = \dfrac{1}{2} U_{CC}$。

（2）调整输出极静态电流及测试各级静态工作点。调节 R_{W2}，使 VT$_2$、VT$_3$ 的 $I_{C2} = I_{C3} = 5\sim10\text{mA}$。从减小交越失真角度而言，应适当加大输出极静态电流，但该电流过大，会使效率降低，所以一般以 5～10mA 为宜。由于毫安表是串联在电源进线中，因此测得的是整个放大器的电流，但一般 VT$_1$ 的集电极电流 I_{C1} 较小，从而可以把测得的总电流近似当作末级的静态电流。如要准确得到末级静态电流，则可从总电流中减去 I_{C1} 之值。

调整输出级静态电流的另一方法是动态调试法。先使 $R_{W2} = 0$，在输入端接入 $f = 1\text{kHz}$ 的正弦信号 u_i。逐渐加大输入信号的幅值，此时，输出波形应出现较严重的交越失真（注意：没有饱和和截止失真），然后缓慢增大 R_{W2}，当交越失真刚好消失时，停止调节 R_{W2}，恢复 $u_i = 0$，此时直流毫安表读数即为输出级静态电流。一般数值也应在 $5 \sim 10mA$，如过大，则要检查电路。

输出极电流调好以后，测量各级静态工作点，记入表 3 - 18。

表 3 - 18 $\qquad$ $I_{C2} = I_{C3} = 5mA$ $\qquad$ $U_A = 2.5V$

参数	VT$_1$	VT$_2$	VT$_3$
U_B/V			
U_C/V			
U_E/V			

注意：①在调整 R_{W2} 时，一定要注意旋转方向，不要调得过大，更不能开路，以免损坏输出管；②输出管静态电流调好，如无特殊情况，不得随意旋动 R_{W2} 的位置。

2. 最大输出功率 P_{om} 和效率 η 的测试

（1）测量 P_{om}。输入端接 $f = 1kHz$ 的正弦信号 u_i，输出端用示波器观察输出电压 u_o 波形。逐渐增大 u_i，使输出电压达到最大不失真输出，用交流毫伏表测出负载 R_L 上的电压 U_{om}，记入表 3 - 19，则可计算出 $P_{om} = \dfrac{U_{om}^2}{R_L} = \underline{\qquad\qquad}$。

表 3 - 19 $\qquad\qquad$ 实 验 数 据 记 录 表

U_i/mV	2.0	3.0	4.0	10.0		25.0
U_o/V						

（2）测量 η。当输出电压为最大不失真输出时，读出直流毫安表中的电流值，此电流即为直流电源供给的平均电流 I_{dc}（有一定误差），由此可近似求得 $P_E = U_{CC}I_{dc}$，再根据上面测得的 P_{om}，记入表 3 - 20，可求出 $\eta = \dfrac{P_{om}}{P_E} = \underline{\qquad\qquad}$。

表 3 - 20 $\qquad\qquad$ 实 验 数 据 记 录 表

U_i/mV	U_o/V	R_L/Ω	P_{om}/W	U_{CC}/V	I_{dc}/A	I_{E1}/A	P_E/W	η

3. 输入灵敏度的测试

根据输入灵敏度的定义，只要测出输出功率 $P_o = P_{om}$ 时的输入电压值 U_i 即可。

$$\text{输入灵敏度} = \underline{\qquad\qquad}$$

4. 频率响应的测试

测试方法同"晶体管共射极单管大器"部分。记入表 3 - 21。

表 3 - 21 $\qquad\qquad$ $U_i = \qquad$ mV

f		$f_L =$		$f_0 =$		$f_H =$				
	100Hz	200Hz	400Hz	600Hz	800Hz	1kHz	2kHz	3kHz	4kHz	5kHz	6kHz
U_o/mV										
A_u										

在测试时，为保证电路的安全，应在较低电压下进行，通常取输入信号为输入灵敏度的 50%。在整个测试过程中，应保持 U_i 为恒定值，且输出波形不得失真。

5. 噪声电压的测试

测量时将输入端短路（$u_i = 0$），观察输出噪声波形，并用交流毫伏表测量输出电压，即为噪声电压 U_N，本电路若 $U_N < 15\text{mV}$，即满足要求。

$$\text{噪声电压 } U_N = \underline{\hspace{4cm}}$$

五、实验报告

（1）画频率响应曲线。

（2）讨论实验中出现的问题及解决办法。

六、思考题

（1）为什么引入自举电路能够扩大输出电压的动态范围？

（2）交越失真产生的原因是什么？怎样克服交越失真？

（3）电路中电位器 R_{W2} 如果开路或短路，对电路工作有何影响？

（4）为了不损坏输出管，调试中应注意什么问题？

（5）如电路有自激现象，应如何消除？

第六节 模 拟 运 算 电 路

一、实验目的

（1）研究由集成运算放大器组成的比例、加法、减法和积分等基本运算电路的功能。

（2）了解运算放大器在实际应用时应考虑的一些问题。

二、实验原理

集成运算放大器是一种具有高电压放大倍数的直接耦合多级放大电路。当外部接入不同的线性或非线性元器件组成输入和负反馈电路时，可以灵活地实现各种特定的函数关系。在线性应用方面，可组成比例、加法、减法、积分、微分、对数等模拟运算电路。

1. 理想运算放大器特性

在大多数情况下，将运算放大器视为理想运算放大器，就是将运算放大器的各项技术指标理想化，满足下列条件的运算放大器称为理想运算放大器。

（1）开环电压增益 $A_{ud} = \infty$。

（2）输入阻抗 $R_i = \infty$。

（3）输出阻抗 $R_o = 0$。

（4）带宽 $f_{BW} = \infty$。

（5）失调与漂移均为零。

2. 理想运算放大器在线性应用时的两个重要特性

（1）输出电压 U_o 与输入电压之间满足关系式

$$U_o = A_{ud}(U_+ - U_-)$$

由于 $A_{ud} = \infty$，而 U_o 为有限值，因此，$U_+ - U_- \approx 0$，即 $U_+ \approx U_-$，称为"虚短"。

（2）由于 $R_i = \infty$，故流进运算放大器两个输入端的电流可视为零，即 $I_{IB} = 0$，称为

"虚断"。这说明运算放大器从其前级吸取电流极小。

上述两个特性是分析理想运算放大器应用电路的基本原则，可简化运算放大器电路的计算。

3. 基本运算电路

（1）反相比例运算电路。电路如图3-20所示。对于理想运算放大器，该电路的输出电压与输入电压之间的关系为

$$U_o = -\frac{R_F}{R_1}U_i$$

为了减小输入级偏置电流引起的运算误差，在同相输入端应接入平衡电阻 $R_2 = R_1 /\!/ R_F$。

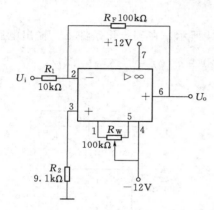

图3-20 反相比例运算电路　　　图3-21 反相加法运算电路

（2）反相加法运算电路。电路如图3-21所示，输出电压与输入电压之间的关系为

$$U_o = -\left(\frac{R_F}{R_1}U_{i1} + \frac{R_F}{R_2}U_{i2}\right)$$

$$R_3 = R_1 /\!/ R_2 /\!/ R_F$$

（3）同相比例运算电路。图3-22（a）所示是同相比例运算电路，它的输出电压与输入电压之间的关系为

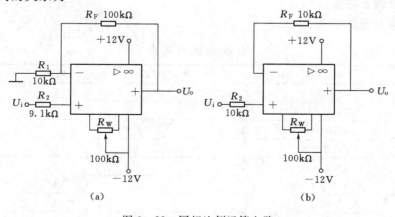

（a）　　　　　　　　　　　（b）

图3-22 同相比例运算电路

（a）同相比例运算电路；（b）电压跟随器

$$U_o = \left(1 + \frac{R_F}{R_1}\right)U_i$$

$$R_2 = R_1 /\!/ R_F$$

当 $R_1 \to \infty$ 时，$U_o = U_i$，即得到如图 3 - 22（b）所示的电压跟随器。图中 $R_2 = R_F$，用以减小漂移和起保护作用。一般 R_F 取 $10\text{k}\Omega$，R_F 太小起不到保护作用，太大则影响跟随性。

（4）差动放大电路（减法器）。对于图 3 - 23 所示的减法运算电路，当 $R_1 = R_2$、$R_3 = R_F$ 时，有如下关系式：

$$U_o = \frac{R_F}{R_1}(U_{i2} - U_{i1})$$

（5）反相积分电路。反相积分电路如图 3 - 24 所示，在理想化条件下，输出电压为

$$u_o(t) = -\frac{1}{R_1 C}\int_0^t u_i \,\mathrm{d}t + u_c(0)$$

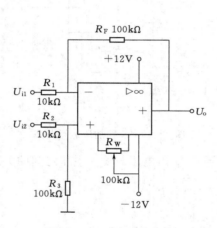

图 3 - 23 减法运算电路

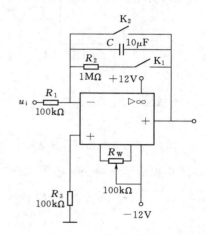

图 3 - 24 积分运算电路

三、实验设备与器件

实验设备与器件见表 3 - 22。

表 3 - 22 实验设备与器件

序号	名　称	型号与规格	数量	备注
1	直流电源	±12V	1	
2	函数信号发生器		1	
3	双踪示波器		1	
4	交流毫伏表		1	
5	直流电压表		1	
6	集成运算放大器	μA741	1	
7	万用表		1	
8	电阻器		1	
9	电容器		1	

四、实验内容

实验前要看清运算放大器组件各管脚的位置；切忌正、负电源极性接反和输出端短路，否则将会损坏集成块。

1. 反相比例运算电路

（1）按图3-20连接实验电路，接通±12V电源，输入端对地短路，进行调零和消振。

（2）输入$f=100$Hz、$U_i=0.5$V的正弦交流信号，测量相应的U_o，并用示波器观察u_o和u_i的相位关系，记入表3-23。

表3-23 　　　　　　　　 $U_i=0.5$V，　　　$f=100$Hz

U_i/V	U_o/V	u_i 波形	u_o 波形	A_u	
		u_i ↑ ——→ t	u_o ↑ ——→ t	实测值	计算值

2. 同相比例运算电路

（1）按图3-22（a）连接实验电路。实验步骤同上述"反相比例运算电路"，将结果记入表3-24。

（2）将图3-22（a）中的R_1断开，得图3-22（b）电路，重复内容（1）。

表3-24 　　　　　　　　 $U_i=0.5$V，　　　$f=100$Hz

U_i/V	U_o/V	u_i 波形	u_o 波形	A_u	
		u_i ↑ ——→ t	u_o ↑ ——→ t	实测值	计算值

3. 反相加法运算电路

（1）按图3-21连接实验电路，调零和消振。

（2）输入信号采用直流信号，图3-25所示电路为简易可调直流信号源，由实验者自行完成。实验时要注意选择合适的直流信号幅值以确保集成运算放大器工作在线性区。用直流电压表测量输入电压U_{i1}、U_{i2}及输出电压U_o，记入表3-25。

4. 减法运算电路

（1）按图3-23连接实验电路，调零和消振。

（2）采用直流输入信号，实验步骤同上述"反相加法运算电路"，将结果记入表3-26。

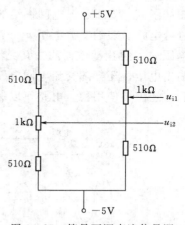

图3-25 简易可调直流信号源

表3-25 　　　　　　　　实 验 数 据 记 录 表

U_{i1}/V				
U_{i2}/V				
U_o/V				

表 3-26	实 验 数 据 记 录 表				
U_{i1}/V					
U_{i2}/V					
U_{o}/V					

五、实验报告

（1）将理论计算结果和实测数据相比较，分析产生误差的原因。

（2）分析讨论实验中出现的现象和问题。

六、思考题

（1）在反相加法器中，如 U_{i1} 和 U_{i2} 均采用直流信号，并选定 $U_{i2}=-1V$，当考虑到运算放大器的最大输出幅值（±12V）时，$|U_{i1}|$ 不应超过多少伏？

（2）为了不损坏集成块，实验中应注意什么问题？

第七节　串联型晶体管直流稳压电源

一、实验目的

（1）研究单相桥式整流、电容滤波电路的特性。

（2）掌握串联型晶体管稳压电源主要技术指标的测试方法。

二、实验原理

电子设备一般都需要直流电源供电，除了少数直接利用干电池或直流发电机外，大多数是用将交流电（市电）转变为直流电的直流稳压电源。

直流稳压电源由电源变压器、整流电路、滤波电路和稳压电路四部分组成，其原理框图如图 3-26 所示。电网供给的交流电压 u_1（220V，50Hz）经电源变压器降压后，得到符合电路需要的交流电压 u_2，然后由整流电路变换成方向不变、大小随时间变化的脉动电压 u_3，再用滤波器滤去其交流分量，就可得到比较平直的直流电压 u_i。但这样的直流输出电压，还会随交流电网电压的波动或负载的变动而变化。在对直流供电要求较高的场合，还需要使用稳压电路，以保证输出直流电压更加稳定。

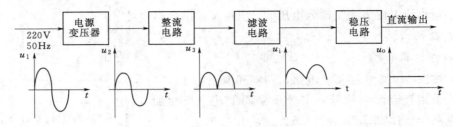

图 3-26　直流稳压电源框图

图 3-27 所示是由分立元件组成的串联型稳压电源电路。其整流部分为单相桥式整流和电容滤波电路。稳压部分为串联型稳压电路，它由调整元件（晶体管 VT_1），比较放大器 VT_2、R_7，取样电路 R_1、R_2、R_w，基准电压电路 VD_w、R_3 和过电流保护电路 VT_3 管

及电阻 R_4、R_5、R_6 等组成。

整个稳压电路是一个具有电压串联负反馈的闭环系统，其稳压过程为：当电网电压波动或负载变动引起输出直流电压发生变化时，取样电路取出输出电压的一部分送入比较放大器，并与基准电压进行比较，产生的误差信号经 VT_2 放大后送至调整管 VT_1 的基极，使调整管改变其管压降，以补偿输出电压的变化，从而达到稳定输出电压的目的。

在稳压电路中，调整管与负载串联，因此流过它的电流与负载电流一样大。当输出电流过大或发生短路时，调整管会因电流过大或电压过高而损坏，所以需要对调整管加以保护。在图 3-27 电路中，晶体管 VT_3、R_4、R_5、R_6 组成减流型保护电路。此电路设计在 $I_{oP}=1.2I_o$ 时开始起保护作用，此时输出电流减小，输出电压降低。故障排除后，电路应能自动恢复正常工作。在调试时，若保护作用提前，应减小 R_6 值；若保护作用延后，则应增大 R_6 值。

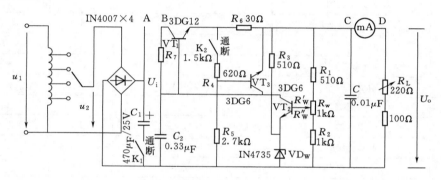

图 3-27 串联型稳压电源电路

稳压电源的主要性能指标如下：

1. 输出电压 U_o 和输出电压调节范围

$$U_o = \frac{R_1 + R_w + R_2}{R_2 + R''_w}(U_Z + U_{BE2})$$

调节 R_w 可以改变输出电压 U_o。

2. 最大负载电流 I_{om}

$$I_{om} = \frac{U_o}{R_L}$$

3. 输出电阻 R_o

输出电阻 R_o 定义为：当输入电压 U_i（指稳压电路输入电压）保持不变，由于负载变化而引起的输出电压变化量与输出电流变化量之比，即

$$R_o = \frac{\Delta U_o}{\Delta I_o}\bigg|_{U_i = 常数}$$

4. 稳压系数 S（电压调整率）

稳压系数定义为：当负载保持不变，输出电压相对变化量与输入电压相对变化量之比，即

$$S = \frac{\Delta U_o/U_o}{\Delta U_i/U_i}\bigg|_{R_L = 常数}$$

由于工程上常把电网电压波动±10％作为极限条件，因此也有将此时输出电压的相对变化 $\Delta U_o/U_o$ 作为衡量指标，称为电压调整率。

5. 纹波电压

输出纹波电压是指在额定负载条件下，输出电压中所含交流分量的有效值（或峰值）。

三、实验设备与器件

实验设备与器件见表 3-27。

表 3-27   实 验 设 备 与 器 件

序号	名 称	型号与规格	数量	备注
1	直流电源	+12V	1	
2	函数信号发生器		1	
3	双踪示波器		1	
4	交流毫伏表		1	
5	直流电压表		1	
6	直流毫安表		1	
7	滑线变阻器	200Ω/1A	1	
8	电阻器		1	
9	电容器		1	
10	晶体三极管	3DG6 或 9011	2	
11	晶体三极管	3DG12 或 9013	1	
12	二极管	IN4007	4	
13	稳压管	IN4735	1	

四、实验内容

1. 整流滤波电路测试

按图 3-28 连接实验电路。取可调工频电源电压为 16V，作为整流电路输入电压 u_2。

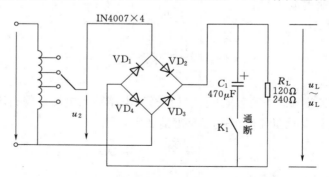

图 3-28 整流滤波电路

（1）取 R_L＝240Ω，不加滤波电容，测量直流输出电压 U_L 及纹波电压 $\tilde{U}_L$，并用示波器观察 u_2 和 u_L 波形，记入表 3-28。

（2）K_1 接通，取 R_L＝240Ω，C＝470μF，重复内容（1）的要求，记入表 3-28。

（3）K_1 接通，取 $R_L = 120\Omega$，$C = 470\mu F$，重复内容（1）的要求，记入表 3-28。

表 3-28　　　　　　　　　　　　　　　$U_2 = 16V$

电路形式	U_L/V	$\tilde{U}_L/V$	u_L 波形
$R_L = 240\Omega$			
$R_L = 240\Omega$ $C = 470\mu F$			
$R_L = 120\Omega$ $C = 470\mu F$			

注意事项：①每次改接电路时，必须切断工频电源；②在观察输出电压 u_L 波形的过程中，$\boxed{SCALE}$ 旋钮位置调好以后，不要再变动，否则无法比较各波形的脉动情况。

2. 串联型稳压电源性能测试

切断工频电源，在图 3-28 基础上按图 3-27 连接实验电路。

（1）初测。将 A 和 B 用导线连接，K_1 接通，K_2 断开（断开保护电路），稳压器输出端负载开路，接通 16V 工频电源，测量整流电路输入电压 U_2、滤波电路输出电压 U_i（稳压器输入电压）及输出电压 U_o。调节电位器 R_W，观察 U_o 的大小和变化情况，如果 U_o 能跟随 R_W 线性变化，这说明稳压电路各反馈环路工作基本正常。否则，说明稳压电路有故障，因为稳压器是一个深负反馈的闭环系统，只要环路中任一个环节出现故障（某管截止或饱和），稳压器就会失去自动调节作用。此时可分别检查基准电压 U_Z、输入电压 U_i、输出电压 U_o 以及比较放大器和调整管各电极的电位（主要是 U_{BE} 和 U_{CE}），分析它们的工作状态是否都处在线性区，从而找出不能正常工作的原因。排除故障以后就可以进行下一步测试。

（2）测量输出电压可调范围。在初测的基础上，在 C、D 之间跨直流电流表，接入负载 R_L，调节电位器 R_L，使输出电流 $I_o \approx 80mA$。再测量输出电压可调范围 $U_{omin} \sim U_{omax}$，且使 R_W 动点在中间位置附近时 $U_o = 12V$。若不满足要求，可适当调整 R_1、R_2 值。

（3）测量各级静态工作点。调节输出电压 $U_o = 12V$，输出电流 $I_o = 80mA$，测量各级静态工作点，记入表 3-29。

（4）测量输出纹波电压。取 $U_2 = 16V$、$U_o = 12V$、$I_o = 80mA$，测量输出纹波电压，记录之。

$$\widetilde{U}_\circ = \underline{\hspace{3cm}}(\text{mV})$$

表 3 - 29 $U_2 = 16\text{V}$, $U_\circ = 12\text{V}$, $I_\circ = 80\text{mA}$

	VT_1	VT_2	VT_3	
			保护未起作用	保护起作用
U_B/V				
U_C/V				
U_E/V				

（5）测量稳压系数 S。取 $I_\circ = 80\text{mA}$，按表 3 - 30 改变整流电路输入电压 U_2（模拟电网电压波动），分别测出相应的稳压器输入电压 U_i 及输出直流电压 $U_\circ$，记入表 3 - 30。

（6）测量输出电阻 $R_\circ$。取 $U_2 = 16\text{V}$，改变滑线变阻器 R_L 位置，使 $I_\circ$ 为空载、40mA 和 80mA，测量相应的 $U_\circ$ 值，记入表 3 - 31。

表 3 - 30 $I_\circ = 80\text{mA}$

测 试 值			计算值
U_2/V	U_i/V	$U_\circ/\text{V}$	S
14			$S_{12} =$
16		12	$S_{23} =$
18			

表 3 - 31 $U_2 = 16\text{V}$

测 试 值		计算值
$I_\circ/\text{mA}$	$U_\circ/\text{V}$	$R_\circ/\Omega$
空载		$R_{o12} =$
40	12	$R_{o23} =$
80		

（7）调整过电流保护电路。

1）断开工频电源，K_2 接通（即接上保护回路），再接通工频电源，调节 R_W 及 R_L 使 $U_\circ = 12\text{V}$，$I_\circ = 80\text{mA}$，此时保护电路应不起作用。测出 VT_3 管各极电位值。

2）逐渐减小 R_L，使 $I_\circ$ 增加到 100mA，观察 $U_\circ$ 是否下降，并测出保护起作用时 VT_3 管各极的电位值。若保护作用过早或延后，可改变 R_6 值进行调整。

3）用导线瞬时短接一下输出端，测量 $U_\circ$ 值，然后去掉导线，检查电路是否能自动恢复正常工作。

五、实验报告

（1）对表 3 - 28 所测结果进行全面分析，总结桥式整流、电容滤波电路的特点。

（2）分析讨论实验中出现的故障及其排除方法。

六、思考题

（1）复习教材中有关分立元件稳压电源部分内容，并根据实验电路参数估算 $U_\circ$ 的可

调范围及 $U_o=12\text{V}$ 时 VT_1、VT_2 管的静态工作点（假设调整管的饱和压降 $U_{CE1S}\approx1\text{V}$）。

（2）说明图 3-27 中 U_2、U_i、U_o 及 $\widetilde{U}_o$ 的物理意义，并从实验仪器中选择合适的测量仪表。

（3）在桥式整流电路实验中，能否用双踪示波器同时观察 U_2 和 U_L 波形，为什么？

（4）在桥式整流电路中，如果某个二极管发生开路、短路或反接三种情况，将会出现什么问题？

（5）为了使稳压电源的输出电压 $U_o=12\text{V}$，则其输入电压的最小值 U_{imin} 应等于多少？交流输入电压 U_{2min} 又怎样确定？

（6）当稳压电源输出不正常，或输出电压 U_o 不随取样电位器 R_w 而变化时，应如何进行检查找出故障所在？

（7）分析保护电路的工作原理。

（8）怎样提高稳压电源的性能指标（减小 S 和 R_o）？

第四章 数字电子技术实验

第一节 组合逻辑电路的设计

一、实验目的

(1) 学习和掌握 TTL 门电路的使用。

(2) 熟悉数字电路实验台和示波器的基本功能及使用方法。

(3) 掌握组合逻辑电路的设计与测试方法。

(4) 学习数字电路实验中排除故障的一般方法。

二、实验原理

1. 集成门电路基本知识介绍

TTL 门电路是数字电路中应用最广的门电路，基本门有与门、或门和非门，复合门有与非门（图 4-1～图 4-3）、或非门、与或非门和异或门（图 4-4）等。

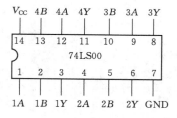

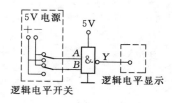

图 4-1　与非门 74LS00 引脚排列及逻辑符号　　图 4-2　与非门逻辑功能测试

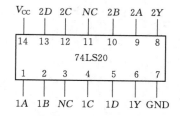

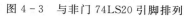

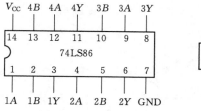

图 4-3　与非门 74LS20 引脚排列　　　　图 4-4　异或门 74LS86 引脚排列及逻辑符号

与非门的逻辑表达式为

$$Y = \overline{A \cdot B}$$

即当输入端中有一个或一个以上是低电平时，输出端为高电平；只有当输入端全部为高电平时，输出端才是低电平（有"0"得"1"，全"1"得"0"）。

异或门逻辑表达式为

$$Y = A \oplus B$$

即当输入端 A 和 B 不一致时，输出端为高电平。

门电路输出电压 U_o 随输入电压 U_i 而变化的曲线 $U_o = f(U_i)$ 称为门的电压传输特性曲线，通过它可读得门电路的一些重要参数，如输出高电平 U_{oH}、输出低电平 U_{oL}、阈值电平 U_{TH} 等。

2. 组合逻辑电路的设计

组合逻辑电路的特点是，组合逻辑电路任何时刻的输出状态仅取决于该时刻输入信号状态，与电路原来的状态无关。

组合逻辑电路的设计，就是根据实际逻辑问题，通过设计求出实现这一逻辑功能的最简逻辑电路。其步骤为：

（1）进行逻辑抽象，用逻辑函数描述逻辑关系，列出真值表。

（2）由真值表写出逻辑表达式，进行简化或变换成适当形式。

（3）由表达式画出逻辑电路图。

（4）根据逻辑电路图选择元件、实验验证。

3. 实验电路故障检查排除

接线完成后，对照实验原理图复查一遍，检查无误后接通电源。如功能不正常，应进行故障检查处理。

检查故障时，可根据实验电路图，从输入到输出（或从输出到输入）将实验电路分成若干个逻辑功能块，然后按块逐级检查故障。例如，可以用万用表或示波器直接测量各集成块的 V_{CC} 和 GND 两引脚之间的电压；针对某个逻辑功能块用逻辑电平开关改变其输入信号，用电平显示器检查该逻辑块的输出信号是否符合逻辑要求，以此办法确定出有故障的逻辑功能块。处理过程中，可采用测量、对比、替换等方法排除故障。

4. 加法器组合逻辑电路设计举例——半加器逻辑电路

半加器是不考虑低位进位的两个 1 位二进制数相加的运算。现按组合逻辑电路设计步骤设计：

（1）设两个 1 位二进制数分别为 A、B，和为 S，向高位进位为 C_o。

（2）列真值表，见表 4-1。

表 4-1 　　　　　　　　　　　半 加 器 真 值 表

输　　入		输　　出	
加数 A	加数 B	和 S	进位 C_o
0	0	0	0
0	1	1	0
1	0	1	0
1	1	0	1

（3）由真值表得逻辑表达式

$$S = \overline{A}B + A\overline{B} = A \oplus B$$
$$C_o = AB$$

设计中未对使用逻辑门的类型提出要求，表达式简化即可，不必再变换。

（4）按表达式画出逻辑电路图，元件选用四 2 输入与门 74LS08、四 2 输入异或门 74LS86，如图 4-5 所示。

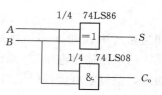

图 4-5 半加器逻辑电路

（5）按图接线，A、B 分别接逻辑电平开关，S、C_o 接逻辑电平显示器，进行实验验证。

三、实验设备与器件

实验设备与器件见表 4-2。

表 4-2　　　　　　　　　　　　实 验 设 备 与 器 件

序号	名　称	型号与规格	数量	备注
1	数字电路实验台	DZX-1	1	
2	数字示波器	DS1102	1	
3	集成电路	74LS86，74LS00，74LS20	若干	
4	万用表	VC9804A+	1	

四、实验内容

1. 门电路基础实验

（1）验证 TTL 与非门 74LS00 逻辑功能：将选择的逻辑门输入 A、B 端分别接逻辑电平开关，输出 Y 接逻辑电平显示器，按表 4-3 测试逻辑功能，判断其逻辑功能是否正常。

表 4-3　　　　　　　　　　　　实 验 数 据 记 录 表

输　入		输　出
A	B	$Y=\overline{A \cdot B}$
0	0	
0	1	
1	0	
1	1	

（2）TTL 与非门 74LS00 电压传输特性曲线测试。测试电路如图 4-6 所示（与非门未用的输入端应保持高电平）。利用电位器 R_W 调节输入端的电压 U_i，采用逐点测试法，测得 U_i 及对应的 U_o，记入表 4-4，然后绘成曲线，如图 4-7 所示。

表 4-4　　　　　　　　　　　　实 验 数 据 记 录 表

U_i/V	0.0	0.2	0.4	0.6	0.8	0.9	1.0	1.1	1.2	1.5	2.0	2.5	3.0	4.0
U_o/V														

（3）按图 4-8、图 4-9 接线，验证与门、或门逻辑功能，并将测试数据记入表 4-5、表 4-6，判断其逻辑是否正确。

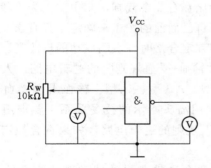

图 4-6　传输特性测试电路

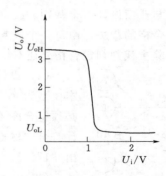

图 4-7　传输特性测试曲线

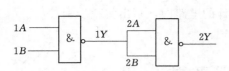

图 4-8　与非门组成与门

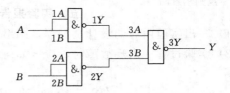

图 4-9　与非门组成或门

表 4-5　实验数据记录表

输　入		输出
A	B	$Y = A \cdot B$
0	0	
0	1	
1	0	
1	1	

表 4-6　实验数据记录表

输　入		输出
A	B	$Y = A + B$
0	0	
0	1	
1	0	
1	1	

（4）用 74LS00 与非门按图 4-10（a）、（b）接线，将一个输入端接连续脉冲源（频率约 100Hz），用示波器观察这两种电路的输入输出波形（注意输入和输出的相位关系），画图记录、比较分析，理解与非门对脉冲的控制作用，熟悉示波器的使用。

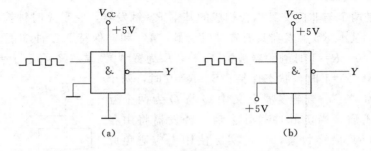

图 4-10　与非门对脉冲的控制作用

2. 组合逻辑电路设计

（1）设计全加器并进行实验验证。

（2）用与非门设计一个裁判表决电路。设比赛有3个裁判，其中1人为主裁判，运动员动作是否合格的裁决，由每一个裁判按一下自己面前的按钮来确定。只有当3个裁判判定合格或者除主裁判判定合格外还有1个裁判判定合格时，表明成功的灯才亮。

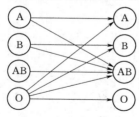

图 4-11　输血-受血
规则示意图

（3）设计符合"输血-受血规则"的逻辑电路。人类四种基本血型为 A 型、B 型、AB 型、O 型。输血者和受血者的血型必须符合图 4-11 中用箭头指示的授受关系。要求用与非门设计符合"输血-受血"规则的逻辑电路，如果符合规定，电路输出"1"。

（提示：可以用两个逻辑变量的四种取值表示输血者的血型，用另外两个逻辑变量的四种取值表示受血者的血型。）

五、实验报告

（1）写出实验内容的设计全过程，画出设计的电路图，写出实验步骤。

（2）实验过程中出现故障时，应该如何处理。

第二节　触发器及其应用

一、实验目的

（1）熟悉触发器的逻辑功能及特性。

（2）掌握一般触发器的应用方法。

（3）熟悉触发器之间相互转换的方法。

二、实验原理

能够存储一位二值信号的基本单元统称为触发器，触发器有两个稳定状态，用以表示逻辑状态"1"和"0"（触发器 Q 与 $\overline{Q}$ 为两个互补输出端，通常把 $Q=1$、$\overline{Q}=0$ 定为触发器"1"状态；而把 $Q=0$、$\overline{Q}=1$ 定为"0"状态），在一定的外界信号作用下，可以从一个稳定状态翻转到另一个稳定状态。触发器是具有记忆功能的二进制信息存储器件，是构成各种时序电路的最基本逻辑单元。

1. 基本 RS 触发器

图 4-12 是两个与非门交叉耦合构成的基本 RS 触发器，它是无时钟控制低电平直接触发的触发器。基本 RS 触发器具有置"0"、置"1"和"保持"三种功能。通常称 $\overline{S}$ 为置"1"端（$\overline{S}=0$、$\overline{R}=1$ 时触发器被置"1"），$\overline{R}$ 为置"0"端（$\overline{R}=0$、$\overline{S}=1$ 时触发器被置"0"）。当 $\overline{S}=\overline{R}=1$ 时，状态保持；$\overline{S}=\overline{R}=0$ 时，两个与非门输出都为"1"，与触发器定义中 Q 与 $\overline{Q}$ 为两个互补输出端相互矛盾，当负脉冲都除去后，触发器将由各种偶然因素决定其最终状态，因此实际使用中应避免此种情况发生。表 4-7 为基本 RS 触发器的逻辑功能表，其中 Φ 指输出不定态。基本 RS 触发器也可以用两个"或非门"组成，此时为高电平触发有效。

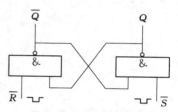

图 4-12　与非门构成
基本 RS 触发器

表 4-7　　　　　　　　　　　　　**基本 RS 触发器逻辑功能**

输　　入		输　　出	
$\overline{S}$	$\overline{R}$	Q_{n+1}	$\overline{Q}_{n+1}$
0	1	1	0
1	0	0	1
1	1	Q_n	$\overline{Q_n}$
0	0	Φ	Φ

2. JK 触发器

在输入信号为双端的情况下，JK 触发器是功能完善、使用灵活和通用性较强的一种触发器。本实验采用 74LS112 双 JK 触发器，JK 触发器是下降边沿触发的边沿触发器，其引脚排列及逻辑符号如图 4-13 所示，功能见表 4-8。

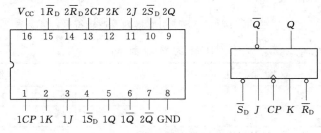

图 4-13　JK 触发器引脚排列及逻辑符号

表 4-8　　　　　　　　　　　　　**JK 触发器逻辑功能表**

输　　入					输　　出	
$\overline{S}_D$	$\overline{R}_D$	CP	J	K	Q_{n+1}	$\overline{Q}_{n+1}$
0	1	×	×	×	1	0
1	0	×	×	×	0	1
0	0	×	×	×	Φ	Φ
1	1	↓	0	0	Q_n	$\overline{Q_n}$
1	1	↓	1	0	1	0
1	1	↓	0	1	0	1
1	1	↓	1	1	$\overline{Q_n}$	Q_n
1	1	↑	×	×	Q_n	$\overline{Q_n}$

注　×—任意态；↓—高到低电平跳变；↑—低到高电平跳变；Q_n（$\overline{Q_n}$）—现态；Q_{n+1}（$\overline{Q_{n+1}}$）—次态；Φ—不定态。

JK 触发器状态方程为

$$Q_{n+1} = J\overline{Q_n} + \overline{K}Q_n$$

J 和 K 是数据输入端，是触发器状态更新的依据，若 J、K 有两个或两个以上输入端时，组成"与"的关系。JK 触发器常被用作缓冲存储器、移位寄存器和计数器等。

3. D 触发器

在输入信号为单端的情况下，D 触发器用起来最为方便，其状态方程为 $Q_{n+1} = D_n$，其输出状态的更新发生在 CP 脉冲的上升沿，故又称为上升沿触发的边沿触发器，触发器的状态只取决于时钟到来前 D 端的状态，D 触发器的应用很广，可用作数字信号的寄存、移位寄存、分频和波形发生等。D 触发器的引脚排列及逻辑符号如图 4-14 所示，功能见表 4-9。D 触发器型号很多，如双 D74LS74、六 D74LS175、八 D74LS374 等，可按需要选用。

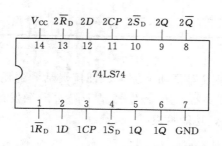
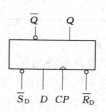

图 4-14　74LS74 引脚排列及逻辑符号

表 4-9　　　　　　　　　　　　　　　　　D 触 发 器 功 能 表

输　　入				输　　出	
$\overline{S}_D$	$\overline{R}_D$	CP	D	Q_{n+1}	$\overline{Q}_{n+1}$
0	1	×	×	1	0
1	0	×	×	0	1
0	0	×	×	Φ	Φ
1	1	↑	1	1	0
1	1	↑	0	0	1
1	1	↓	×	Q_n	$\overline{Q}_n$

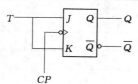

图 4-15　T 触发器

4. 触发器之间的相互转换

每一种触发器都有自己固定的逻辑功能，但可以利用转换的方法获得具有其他功能的触发器。例如将 JK 触发器的 J、K 两端连在一起，并指定它为 T 端，就得到 T 触发器。

如图 4-15 所示，其状态方程为

$$Q_{n+1}=T\overline{Q_n}+\overline{T}Q_n$$

T 触发器的功能见表 4-10。

表 4-10　　　　　　　　　　　　　　　　　T 触 发 器 功 能 表

输　　入				输　出
$\overline{S}_D$	$\overline{R}_D$	CP	T	Q_{n+1}
0	1	×	×	1
1	0	×	×	0
1	1	↓	0	Q_n
1	1	↓	1	$\overline{Q}_n$

由功能表可见，当 $T=0$ 时，时钟脉冲作用后，其状态保持不变；当 $T=1$ 时，时钟脉冲作用后，触发器状态翻转。所以，若将 T 触发器的 T 端置 "1"，如图 4-16 所示，即得 T′ 触发器。在 T′ 触发器的 CP 端每来一个 CP 脉冲信号，触发器的状态就翻转一次，故称为反转触发器，广泛用于计数电路中。

同样，若将 D 触发器反相输出端 $\overline{Q}$ 与 D 端相连，便转换成 T′ 触发器，如图 4-17 所示。

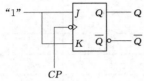

图 4-16 T′触发器　　　　图 4-17 D 触发器转换成 T′触发器

三、实验设备与器件

实验设备与器件见表 4-11。

表 4-11　　　　　　　　　实 验 设 备 与 器 件

序号	名　称	型号与规格	数量	备注
1	数字电路实验台	DZX-1	1	
2	数字示波器	DS1102	1	
3	集成电路	74LS112、74LS74、74LS20、74LS00	若干	
4	万用表	VC9804A+	1	

四、实验内容

1. 测试基本 RS 触发器的逻辑功能

按图 4-12，用两个与非门组成基本 RS 触发器，输入端 $\overline{R}$、$\overline{S}$ 接逻辑电平开关，输出端 Q 接逻辑电平显示器，按表 4-12 要求测试，记录数据。

2. 测试 JK 触发器 74LS112 逻辑功能

(1) 测试 $\overline{R}_D$、$\overline{S}_D$ 的复位、置位功能。

(2) 测试 JK 触发器的逻辑功能。

按表 4-13 的要求改变 J、K、CP 端状态，观察 Q、$\overline{Q}$ 状态变化，观察触发器状态更新是否发生在 CP 脉冲的下降沿（即 CP 由 1→0），记录数据。

表 4-12　　　　　　　　　实 验 数 据 记 录 表

$\overline{R}$	$\overline{S}$	Q_{n+1}	$\overline{Q}_{n+1}$
1	1→0		
	0→1		
1→0	1		
0→1			
0	0		

表 4 - 13　　　　　　　　　　　　　　　　实 验 数 据 记 录 表

J	K	CP	Q_{n+1}	
			$Q_n=0$	$Q_n=1$
0	0	0→1		
		1→0		
0	1	0→1		
		1→0		
1	0	0→1		
		1→0		
1	1	0→1		
		1→0		

（3）将 JK 触发器构成 T′触发器。在 CP 端输入约 100Hz 连续脉冲，观察 Q 端的变化，并用双踪示波器观察 CP、Q、$\overline{Q}$ 端波形，注意相位、触发沿，记录并描绘波形图。

（4）用 JK 触发器构成 D 触发器，自拟表格，进行验证。

3. 测试双 D 触发器 74LS74 的逻辑功能

（1）测试 $\overline{R}_D$、$\overline{S}_D$ 的复位、置位功能。

（2）按表 4 - 14 要求测试 D 触发器的逻辑功能并观察触发器状态更新是否发生在 CP 脉冲的上升沿（即由 0→1），记录并描绘波形图。

表 4 - 14　　　　　　　　　　　　　　　　实 验 数 据 记 录 表

D	CP	Q_{n+1}	
		$Q_n=0$	$Q_n=1$
0	0→1		
	1→0		
1	0→1		
	1→0		

（3）将 D 触发器的 $\overline{Q}$ 端与 D 端相连接，构成 T′触发器，如图 4 - 17 所示，测试其逻辑功能，记录数据。

五、实验报告

（1）整理各类触发器的逻辑功能表。

（2）总结分析观察到的波形，说明触发器的触发方式。

（3）谈谈对触发器的应用体会。

第三节　计数、译码和显示电路

一、实验目的

（1）熟悉集成计数器的逻辑功能及测试方法。

（2）掌握用集成计数器构成任意进制计数器的方法。

（3）学习显示译码器和七段显示器的使用方法。

二、实验原理

1. 计 数 器

计数器种类很多，按构成计数器中的各触发器是否使用同一个时钟脉冲源来分，有同步计数器和异步计数器；根据计数器进制的不同，分为二进制计数器、十进制计数器和任意进制计数器；根据计数的增减趋势，又分为加法计数器、减法计数器和可逆计数器；还有可预置数计数器和可编程序功能计数器等。目前，无论是 TTL 还是 CMOS 集成电路，都有品种较齐全的中规模集成计数器。使用者只要借助器件手册提供的功能表和工作波形图以及引出端的排列，就能正确地运用这些器件。

（1）用 D 触发器构成异步二进制加法/减法计数器。如图 4-18 所示是用四只 D 触发器构成的四位二进制异步加法计数器，它的连接特点是将每只 D 触发器（D 接 $\overline{Q}$）接成 T' 触发器，再将低位触发器的 $\overline{Q}$ 端和高一位的 CP 端相连接。

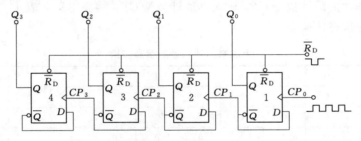

图 4-18 四位二进制异步加法计数器

将图 4-18 改动，把低位触发器的 Q 端与高一位的 CP 端相连接，即可构成一个四位二进制异步减法计数器。

（2）中规模集成电路计数器。十进制计数器 74LS192（与 CC40192 功能一致，74LS192 的 V_{DD}、GND 引脚对应 V_{DD} 和 V_{SS}）是同步十进制可逆计数器，具有双时钟输入、清除和置数功能，其引脚排列及逻辑符号如图 4-19 所示，功能见表 4-15。

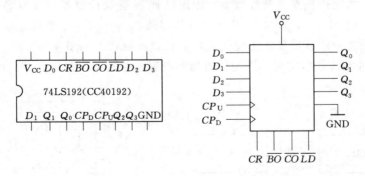

图 4-19 74LS192 引脚排列及逻辑符号

$\overline{LD}$—置数端；CP_D—减计数端；CR—清除端；CP_U—加计数端；$\overline{CO}$—非同步进位输出端；
D_0、D_1、D_2、D_3—数据输入端；$\overline{BO}$—非同步借位输出端；Q_0、Q_1、Q_2、Q_3—数据输出端

表 4 - 15   74LS192 的功能

输　入								输　出			
CR	$\overline{LD}$	CP_U	CP_D	D_3	D_2	D_1	D_0	Q_3	Q_2	Q_1	Q_0
1	×	×	×	×	×	×	×	0	0	0	0
0	0	×	×	d	c	b	a	d	c	b	a
0	1	↑	1	×	×	×	×	加计数			
0	1	1	↑	×	×	×	×	减计数			

当清除端 CR 为高电平"1"时，计数器直接清零。

当 CR 为低电平，置数端 $\overline{LD}$ 也为低电平时，数据输入端 D_0、D_1、D_2、D_3 数据被置入计数器。

当 CR 为低电平，$\overline{LD}$ 为高电平时，执行计数功能。执行加计数时，计数脉冲由 CP_U 输入，减计数端 CP_D 接高电平，在计数脉冲上升沿进行 8421 码十进制加法计数。执行减计数时，计数脉冲由减计数端 CP_D 输入，加计数端 CP_U 接高电平，表 4 - 16 为 8421 码十进制加计数器的状态转换表。

表 4 - 16   十进制加计数器的状态转换

输入脉冲数		0	1	2	3	4	5	6	7	8	9
输出	Q_3	0	0	0	0	0	0	0	0	1	1
	Q_2	0	0	0	0	1	1	1	1	0	0
	Q_1	0	0	1	1	0	0	1	1	0	0
	Q_0	0	1	0	1	0	1	0	1	0	1

(3) 计数器的级联使用。一片 74LS192 只能表示一位十进制的 0～9，为了扩大计数位数，可用多个计数器级联使用。利用计数器进位（或借位）输出端，驱动下一级计数器。图 4 - 20 所示是由 74LS192（或 CC40192）利用进位输出 $\overline{CO}$ 控制高一位的 CP_U 端构成的加数联级。

(4) 用复位法获得任意进制计数器。假定已有 N 进制计数器，且需要得到一个 M 进制计数器时，只要 $M < N$，设法使 N 进制计数器跳越 $N - M$ 个计数状态，就可得到 M 进制计数器。使用复位法或置位法都能使计数器跳越计数状态。图 4 - 21 所示是利用复位法使 74LS192 十进制计数器实现六进制计数器的逻辑电路。

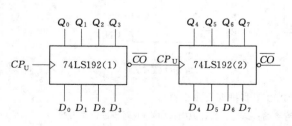

图 4 - 20　74LS192 级联电路

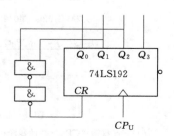

图 4 - 21　（复位法）六进制计数器

2. 数码显示译码器

（1）七段发光二极管（LED）数码管。LED 数码管是目前最常用的数字显示器，图 4−22（a）、（b）所示分别为共阴管和共阳管的电路，图 4−23 为 LED 的符号及引脚功能图。

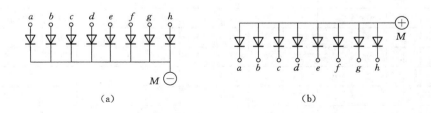

（a）　　　　　　　　　　　　　　（b）

图 4−22　LED 数码管

（a）共阴连接（"1"电平驱动）；（b）共阳连接（"0"电平驱动）

一个 LED 数码管可用来显示一位 0～9 十进制数和一个小数点。

小型数码管每段发光二极管的正向压降随显示光（通常为红、绿、黄、橙色）的颜色略有差别，通常为 2～2.5V，每个发光二极管的点亮电流在 5～10mA。LED 数码管要显示 BCD 码所表示的十进制数字，就需要有一个专门的译码器，译码器不但要完成译码功能，还要有相当的驱动能力。

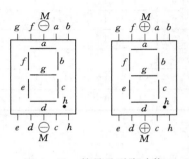

图 4−23　符号及引脚功能

（2）BCD 码七段译码驱动器。此类译码器有 74LS47（共阳）、74LS48（共阴）、CC4511（共阴）等，本实验系采用 CC4511 BCD 码锁存/七段译码/驱动器，驱动共阴极 LED 数码管。图 4−24 所示为 CC4511 引脚排列。

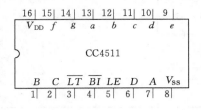

图 4−24　CC4511 引脚排列

其中：A、B、C、D：BCD 码数据输入端。

a、b、c、d、e、f、g：译码输出端，输出"1"有效，用来驱动共阴 LED 数码管。

LE：锁定端，$LE=1$ 时译码器处于锁定（保持）状态，译码输出保持在 $LE=0$ 时的数值，$LE=0$ 为正常译码。

$\overline{BI}$：消隐输入端，$\overline{BI}=0$ 时，译码输出全为 0。

$\overline{LT}$：测试输入端，$\overline{LT}=0$ 时，译码输出全为 1。

表 4−17 为 CC4511 的功能表。译码器还具有拒伪码功能，当输入码超过 1001 时，输出全为 0，数码管熄灭。

CC4511 与 LED 数码管的连接如图 4−25 所示，R 为限流电阻。

三、实验设备与器件

实验设备与器件见表 4−18。

表 4-17 **CC4511 译码器功能表**

输入							输出							显示字形
LE	$\overline{BI}$	$\overline{LT}$	D	C	B	A	a	b	c	d	e	f	g	
×	×	0	×	×	×	×	1	1	1	1	1	1	1	8
×	0	1	×	×	×	×	0	0	0	0	0	0	0	消隐
0	1	1	0	0	0	0	1	1	1	1	1	1	0	0
0	1	1	0	0	0	1	0	1	1	0	0	0	0	1
0	1	1	0	0	1	0	1	1	0	1	1	0	1	2
0	1	1	0	0	1	1	1	1	1	1	0	0	1	3
0	1	1	0	1	0	0	0	1	1	0	0	1	1	4
0	1	1	0	1	0	1	1	0	1	1	0	1	1	5
0	1	1	0	1	1	0	1	0	1	1	1	1	1	6
0	1	1	0	1	1	1	1	1	1	0	0	0	0	7
0	1	1	1	0	0	0	1	1	1	1	1	1	1	8
0	1	1	1	0	0	1	1	1	1	1	0	1	1	9
0	1	1	1	0	1	0	0	0	0	0	0	0	0	消隐
⋮														
0	1	1	1	1	1	1	0	0	0	0	0	0	0	消隐
1	1	1	×	×	×	×	锁存							锁存

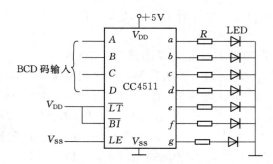

图 4-25 CC4511 与 LED 数码管接线图

表 4-18 **实 验 设 备 与 器 件**

序号	名 称	型号与规格	数量	备注
1	数字电路实验台	DZX-1	1	
2	数字示波器	DS1102	1	
3	集成电路	74LS74、74LS192、74LS00、CC4511	若干	
4	万用表	VC9804A+	1	

四、实验内容

1. CC4511 逻辑功能测试

参考图 4-25，用四个逻辑电平开关作为数据端，接 CC4511 引脚 A、B、C、D；另用三个逻辑电平开关作为逻辑控制端，接 LE、$\overline{BI}$、$\overline{LT}$；CC4511 输出对应接共阴极 LED 数码管 $a\sim g$（实验台内部已将电阻 R 连接好），然后按功能表 4-17，送 BCD 码和控制信号，观测数码管显示的对应数字是否与送入的 BCD 码一致，译码显示是否正常。

2. 用 74LS74 D 触发器构成四位二进制异步加法计数器

（1）按图 4-18 接线，$\overline{R}_D$ 接单次脉冲源（负脉冲），低位 CP_0 端接单次脉冲源（正脉冲），输出端 Q_3、Q_2、Q_1、Q_0 接逻辑电平显示器，各 $\overline{S}_D$ 接高电平"1"（做实验时悬空即可）。

（2）$\overline{R}_D$ 送一负脉冲清零，然后从 CP_0 送入单次脉冲，观察记录输出状态。

（3）将单次脉冲改为 1Hz 的连续脉冲，观察输出状态。

（4）用双踪示波器观察 CP、Q_0、Q_1、Q_2、Q_3 端波形，描绘之。

3. 测试 74LS192 同步十进制可逆计数器的逻辑功能

参考图 4-19 接线，计数脉冲由单次正脉冲源提供，清除端 CR、置数端 $\overline{LD}$、数据输入端 D_3、D_2、D_1、D_0 分别接逻辑开关，输出端 Q_3、Q_2、Q_1、Q_0 依次接译码显示输入插口 D、C、B、A；$\overline{CO}$ 和 $\overline{BO}$ 接逻辑电平显示。按表 4-15 逐项测试并判断该集成块的功能是否正常。

（1）清除：令 $CR=1$，其他输入为任意态，这时 $Q_3Q_2Q_1Q_0=0000$，译码数字显示为 0。清除功能完成后，置 $CR=0$。

（2）置数：令 $CR=0$、CP_U、CP_D 任意，数据输入端输入任意一组二进制数，令 $\overline{LD}=0$，观察计数译码显示输出，预置功能是否完成，此后置 $\overline{LD}=1$。

（3）加计数：令 $CR=0$，$\overline{LD}=1$，$CP_D=1$，CP_U 接单次正脉冲源。清零后送入 10 个单次脉冲，观察译码数字显示是否按 8421 码十进制状态转换表进行，输出状态变化是否发生在 CP_U 的上升沿。

（4）减计数：令 $CR=0$，$\overline{LD}=1$，$CP_U=1$，CP_D 接单次正脉冲源。参考"加计数"实验进行。

4. 测试六进制计数器的逻辑功能

按图 4-21 接线，验证六进制计数器，记录实验结果（状态转换图）。思考：如果要用置位法获得六进制计数器，应该如何接线？

五、实验报告

（1）根据实验步骤，画出实验线路图，记录实验参数及有关波形。

（2）根据实验内容，整理分析，按要求作波形图、状态转换图等。

第四节　555 时基电路及其应用

一、实验目的

（1）熟悉 555 型集成时基电路的结构、工作原理及其特点。

（2）掌握 555 型集成时基电路的基本应用。

二、实验原理

555 定时器是数模混合集成电路，其电路类型有双极型和 CMOS 型两大类，两者结构与工作原理类似。双极型产品型号的后三位数码是 555 或 556，CMOS 型产品型号最后四位数码是 7555 或 7556，两者的逻辑功能和引脚排列完全相同，易于互换。555 和 7555 是单定时器，556 和 7556 是双定时器。双极型的电源电压 $V_{CC} = +5 \sim +15V$，输出的最大电流可达 200mA；CMOS 型的电源电压为 $+3 \sim +18V$，输出的最大电流为 4mA。

1. 555 电路的工作原理

555 电路的内部电路框图如图 4-26 所示，它含有两个电压比较器，一个基本 RS 触发器，一个放电开关管 VT，比较器的参考电压由三只 5kΩ 的电阻器构成的分压器提供。它们分别使高电平比较器 A_1 的同相输入端和低电平比较器 A_2 的反相输入端的参考电平为 $2/3V_{CC}$ 和 $1/3V_{CC}$。A_1 与 A_2 的输出端控制 RS 触发器状态和放电开关管开关状态。

当高电平触发端 T_H 输入信号超过参考电平 $2/3V_{CC}$ 时，触发器复位，555 的输出端引脚 3 输出低电平，同时放电开关管导通；当 $\overline{T}_L$ 低电平触发端输入信号低于 $1/3V_{CC}$ 时，触发器置位，555 的引脚 3 输出高电平，同时放电开关管截止。

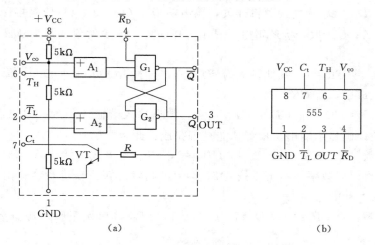

图 4-26 555 定时器内部框图及引脚排列

$\overline{R}_D$ 是复位端，当 $\overline{R}_D = 0$，555 输出低电平。平时 $\overline{R}_D$ 端开路或接 V_{CC}。V_C 是控制电压端，平时输出 $2/3V_{CC}$ 作为比较器 A_1 的参考电平（当 5 脚外接一个输入电压时，可改变比较器的参考电平），在不接外加电压时，通常接一个 $0.01\mu F$ 的电容器到地，起滤波作用，以消除外来的干扰，以确保参考电平的稳定。

VT 为放电开关管，当 VT 导通时，将给接于引脚 7 的电容器提供低阻放电通路。

555 定时器主要是与电阻、电容构成充放电电路，并由两个比较器来检测电容器上的电压，以确定输出电平的高低和放电开关管的通断。这就很方便地构成从微秒到数十分钟的延时电路，可方便地构成单稳态触发器、多谐振荡器、施密特触发器等脉冲产生或波形变换电路。

2. 555 定时器的典型应用

（1）构成单稳态触发器。如图 4-27（a）所示为由 555 定时器和外接定时元件 R、C 构成的单稳态触发器。如果没有触发信号时 V_i 处于高电平，参考 4-27 波形图，此时 555 电路输入端处于电源电平，内部放电开关管 VT 导通，输出端 V_o 输出低电平，这个稳态

会一直持续到 V_i 的负脉冲触发。当 V_i 电位瞬时低于 $1/3V_{CC}$ 时，低电平比较器动作，单稳态电路即开始一个暂态过程，电容 C 开始充电，V_c 按指数规律增长。当 V_c 充电到 $2/3V_{CC}$ 时，高电平比较器动作，比较器 A_1 翻转，输出 V_o 从高电平返回低电平，放电开关管 VT 重新导通，电容 C 上的电荷很快经放电开关管放电，暂态结束，恢复稳态，为下一个触发脉冲的来到做好准备。波形如图 4-27（b）所示。

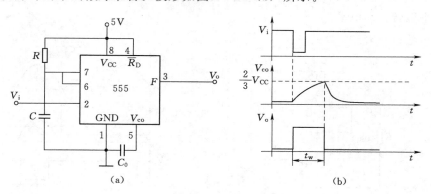

(a)　　　　　　　　　　　　(b)

图 4-27　单稳态触发器
(a) 电路；(b) 波形

暂稳态的持续时间 t_w（即为延时时间）决定于外接元件 R、C 值的大小，有

$$t_w = 1.1RC$$

通过改变 R、C 的大小，可使延时时间在几微秒到几十分钟之间变化。

（2）构成多谐振荡器。如图 4-28（a）所示，由 555 定时器和外接元件 R_1、R_2、C 构成多谐振荡器，引脚 2 与引脚 6 直接相连。电路没有稳态，仅存在两个暂稳态，电路不需要外加触发信号，利用电源通过 R_1、R_2 向 C 充电，以及 C 通过 R_2 向放电端 C_t 放电，使电路产生振荡。电容 C 在 $1/3\ V_{CC}$ 和 $2/3\ V_{CC}$ 之间充电和放电，其波形如图 4-28（b）所示。输出信号的时间参数是 $T = t_{w1} + t_{w2}$，$t_{w1} = 0.7(R_1 + R_2)C$，$t_{w2} = 0.7R_2C$，要求 R_1 与 R_2 均应大于或等于 $1k\Omega$，但 $R_1 + R_2$ 应小于或等于 $3.3M\Omega$。555 电路具有较强的功率

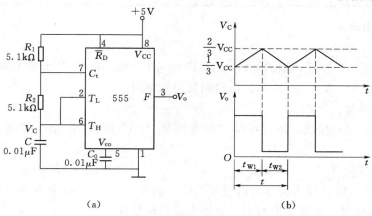

(a)　　　　　　　　　　　　(b)

图 4-28　多谐振荡器
(a) 电路；(b) 波形

输出能力，外部元件的稳定性决定了多谐振荡器的稳定性，555 定时器配以少量的元件即可获得较高精度的振荡频率，因此这种形式的多谐振荡器应用很广。

（3）构成施密特触发器。电路如图 4-29 所示，将引脚 2、6 连在一起作为信号输入端，即得到施密特触发器。图 4-30 示出了 V_i 和 V_o 的波形图。设被整形变换的电压为正弦波，当 V_i 上升到 2/3 V_{CC} 时，V_o 从高电平翻转为低电平；当 V_i 下降到 1/3 V_{CC} 时，V_o 又从低电平翻转为高电平。

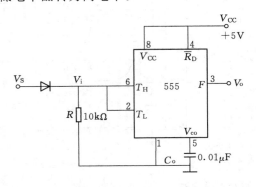

图 4-29 施密特触发器   图 4-30 波形变换图

三、实验设备与器件

实验设备与器件见表 4-19。

表 4-19   实 验 设 备 与 器 件

序号	名　称	型号与规格	数量	备注
1	数字电路实验台	DZX-1	1	
2	数字示波器	DS1102	1	
3	集成电路	555	1	
4	万用表	VC9804A+	1	
5	电容器、电阻、电位器	根据接线图所示	若干	

四、实验内容

1. 单稳态触发器

按图 4-27（a）接线，取 $R=100k\Omega$、$C=10\mu F$，输入信号 V_i 由单次脉冲源提供，用双踪示波器观测 V_i、V_c、V_o 波形，测定幅值与暂稳时间。

2. 多谐振荡器

按图 4-28（a）接线，用双踪示波器观测 V_c 与 V_o 的波形，测定频率，周期，并与理论值比较。

3. 施密特触发器

按图 4-29 接线，输入信号由信号源提供，预先调好 V_s 的频率为 100Hz，接通电源，逐渐加大 V_s 的幅值，观测输出波形，测绘电压传输特性，算出回差电压 ΔU。

五、实验报告

（1）绘出详细的实验线路图，绘制观察到的波形。

（2）分析、总结实验结果。

第五节　三位半直流数字电压表

一、实验目的

（1）了解双积分式 A/D 转换器的工作原理。

（2）熟悉 A/D 转换器 CC14433 的性能及其引脚功能。

（3）掌握用 CC14433 构成直流数字电压表的方法。

二、实验原理

直流数字电压表的核心器件是一个间接型 A/D 转换器，它首先将输入的模拟电压信号变换成易于准确测量的时间量，然后在这个时间宽度内用计数器计时，计数结果就是正比于输入模拟电压信号的数字量。

1. V-T 变换型双积分 A/D 转换器

图 4-31 是双积分 A/D 的原理框图，它由积分器（包括运算放大器 A_1 和 RC 积分网络）、过零比较器 A_2、N 位二进制计数器、开关控制电路、门控电路、参考电压 V_R 与时钟脉冲源 CP 组成。

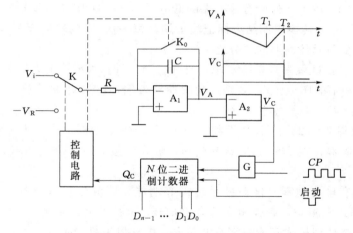

图 4-31　双积分 A/D 原理框图

转换开始前，先将计数器清零，并通过控制电路使开关 K_0 接通，将电容 C 充分放电。由于计数器进位输出 $Q_C=0$，控制电路使开关 K 接通 V_i，模拟电压与积分器接通，同时门 G 被封锁，计数器不工作。积分器输出 V_A 线性下降，经过零比较器 A_2 获得一方波 V_C，打开门 G，计数器开始计数，当输入 2^n 个时钟脉冲后 $t=T_1$，各触发器输出端 $D_{n-1}\sim D_0$ 由 111…1 回到 000…0，其进位输出 $Q_C=1$，作为定时控制信号，通过控制电路将开关 K 转换至基准电压源 $-V_R$，积分器向相反方向积分，V_A 开始线性上升，计数器重新从 0 开始计数，直到 $t=T_2$，V_A 下降到 0，比较器输出的正方波结束，此时计数器中暂存二进制数字就是 V_i 相对应的二进制数码。

2. 三位半双积分 A/D 转换器 CC14433 的性能特点

CC14433 是 CMOS 双积分式三位半 A/D 转换器，它是将构成数字和模拟电路的 7700

多个 MOS 晶体管集成在一个硅芯片上，芯片有 24 只引脚，采用双列直插式，其引脚排列如图 4-32 所示。

引脚功能说明：

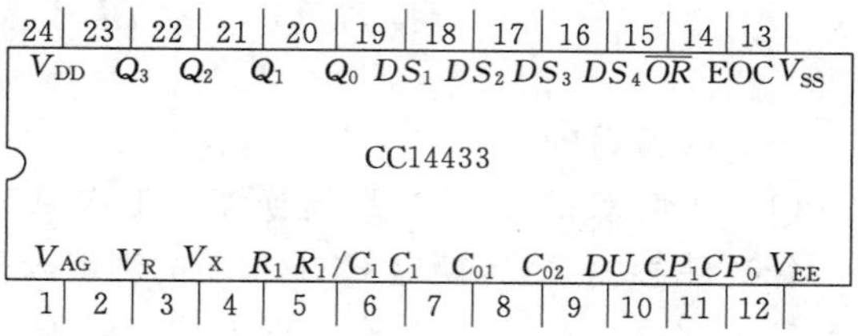

V_{AG}（引脚 1）：被测电压 V_X 和基准电压 V_R 的参考地。

V_R（引脚 2）：外接基准电压（2V 或 200mV）输入端。

V_X（引脚 3）：被测电压输入端。

R_1（引脚 4）、R_1/C_1（引脚 5）、C_1

图 4-32 CC14433 引脚排列

（引脚 6）：外接积分阻容元件端，$C_1 = 0.1\mu F$（聚酯薄膜电容器），$R_1 = 470k\Omega$（2V 量程），$R_1 = 27k\Omega$（200mV 量程）。

C_{01}（引脚 7）、C_{02}（引脚 8）：外接失调补偿电容端，典型值为 $0.1\mu F$。

DU（引脚 9）：实时显示控制输入端。若与 EOC（14 脚）端连接，则每次 A/D 转换均显示。

CP_1（引脚 10）、CP_0（引脚 11）：时钟振荡外接电阻端，典型值为 $470k\Omega$。

V_{EE}（引脚 12）：电路的电源最负端，接 -5V。

V_{SS}（引脚 13）：除 CP 外所有输入端的低电平基准（通常与引脚 1 连接）。

EOC（引脚 14）：转换周期结束标记输出端，每一次 A/D 转换周期结束，EOC 输出一个正脉冲，宽度为时钟周期的二分之一。

$\overline{OR}$（引脚 15）：过量程标志输出端，当 $|V_X| > V_R$ 时，$\overline{OR}$ 输出为低电平。

$DS_4 \sim DS_1$（引脚 16~19）：多路选通脉冲输入端，DS_1 对应于千位，DS_2 对应于百位，DS_3 对应于十位，DS_4 对应于个位。

$Q_0 \sim Q_3$（引脚 20~23）：BCD 码数据输出端，DS_2、DS_3、DS_4 选通脉冲期间，输出三位完整的十进制数，在 DS_1 选通脉冲期间，输出千位 0 或 1 及过量程、欠量程和被测电压极性标志信号。

CC14433 具有自动调零、自动极性转换等功能，可测量正或负的电压值。当 CP_1、CP_0 端接入 $470k\Omega$ 电阻时，时钟频率约为 66kHz，每秒可进行 4 次 A/D 转换。它的使用调试简便，能与微处理机或其他数字系统兼容，广泛用于数字面板表、数字万用表、数字温度计、数字量具及遥测遥控系统。

3. 三位半直流数字电压表的组成（实验线路）

线路结构如图 4-33 所示。被测直流电压 V_X 经 A/D 转换后以动态扫描形式输出，数字量输出端 Q_0 Q_1 Q_2 Q_3 上的数字信号（8421 码）按照时间先后顺序输出。位选信号 DS_1、DS_2、DS_3、DS_4 通过位选开关 MC1413 分别控制着千位、百位、十位和个位上的四只 LED 数码管的公共阴极。数字信号经七段译码器 CC4511 译码后，驱动四只 LED 数码管的各段阳极。这样就把 A/D 转换器按时间顺序输出的数据以扫描形式在四只数码管上依次显示出来，由于选通重复频率较高，工作时从高位到低位以每位每次约 $300\mu S$ 的速率循环显示。即一个四位数的显示周期是 1.2ms，所以人的肉眼就能清晰地看到四位数码管同时显示三位半十进制数字量。

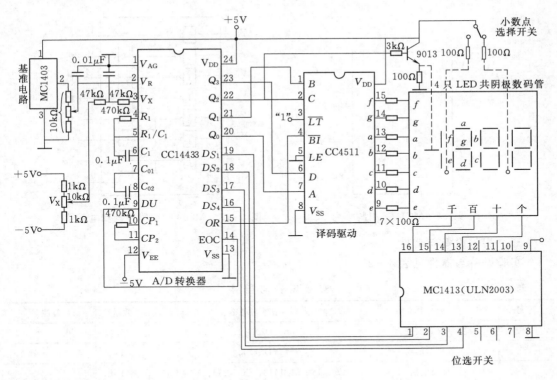

图 4-33 三位半直流数字电压表

（1）当参考电压 $V_R = 2V$ 时，满量程显示 1.999V；$V_R = 200mV$ 时，满量程为 199.9mV。可以通过选择开关来控制千位和十位数码管的 h 笔段经限流电阻实现对相应小数点显示的控制。

（2）最高位（千位）显示时只有 b、c 两根线与 LED 数码管的 b、c 脚相接，所以千位只显示 1 或不显示，用千位的 g 笔段来显示模拟量的负值（正值不显示），即由 CC14433 的 Q_2 端通过 NPN 晶体管 9013 来控制 g 笔段。

（3）精密基准电源 MC1403。A/D 转换需要外接标准电压源作为参考电压。标准电压源的精度应当高于 A/D 转换器的精度。本实验采用 MC1403 集成精密稳压源作为参考电压，MC1403 的输出电压为 2.5V，当输入电压在 4.5～15V 范围内变化时，输出电压的变化不超过 3mV，一般只有 0.6mV 左右，输出最大电流为 10mA。MC1403 引脚排列如图 4-34 所示。

（4）实验中使用 CMOS BCD 七段译码/驱动器 CC4511，参考"计数、译码和显示电路"有关部分。

（5）七路达林顿晶体管列阵 MC1413。MC1413 采用 NPN 达林顿复合晶体管的结构，因此有很高的电流增益和很高的输入阻抗，可直接接收 MOS 或 CMOS 集成电路的输出信号，并把电压信号转换成足够大的电流信号驱动各种负载。该电路内含有 7 个集电极开路反相器（也称 OC 门）。MC1413 电路结构和引脚排列如图 4-35 所示，它采用 16 引脚的双列直插式封装。每一驱动器输出端均接有一释放电感负载能量的抑制二极管。

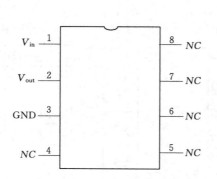

图 4 - 34 MC1403 引脚排列

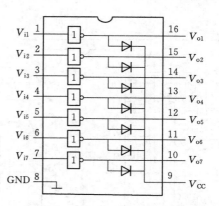

图 4 - 35 MC1413 引脚排列和电路结构

三、实验设备与器件

实验设备与器件见表 4 - 20。

表 4 - 20 实 验 设 备 与 器 件

序号	名　　称	型号与规格	数量	备注
1	数字电路实验台	DZX - 1	1	
2	数字示波器	DS1102	1	
3	集成电路	CC4511、MC1413、CC14433、MC1403	各1块	
4	万用表	VC9804A+	1	
5	电容器、电阻、电位器	根据接线图所示	若干	

四、实验内容

本实验要求按图 4 - 33 组装并调试好一台三位半直流数字电压表，实验时应一步一步地进行。

1. 数码显示部分的组装与调试

（1）建议将四只数码管插入 40P 集成电路插座上，将四个数码管同名笔段与显示译码的相应输出端连在一起，其中最高位只要将 b、c、g 三笔段接入电路，按图 4 - 33 接好连线，但暂不插所有的芯片，待用。

（2）插好芯片 CC4511 与 MC1413，并将 CC4511 的输入端 A、B、C、D 接至拨码开关对应的 A、B、C、D 四个插口处；将 MC1413 的 1、2、3、4 脚接至逻辑开关输出插口上。

（3）将 MC1413 的引脚 2 置 "1"，引脚 1、3、4 置 "0"，接通电源，拨动码盘（按 "+" 或 "-" 键）在 0~9 变化，检查数码管是否按码盘的指示值变化。

（4）按实验原理说明 3 的要求，检查译码显示是否正常。

（5）分别将 MC1413 的引脚 3、4、1 单独置 "1"，重复（3）的内容。

如果所有四位数码管显示正常，则去掉数字译码显示部分的电源，备用。

2. 标准电压源的连接和调整

插上 MC1403 基准电源，用标准数字电压表检查输出是否为 2.5V，然后调整 10kΩ

电位器，使其输出电压为 2.0V，调整结束后去掉电源线，供总装时备用。

3. 总装总调

（1）插好芯片 MC14433，按图 4 - 33 接好全部线路。

（2）将输入端接地，按通 +5V、-5V 电源（先接好地线），此时显示器将显示"000"值，如果不是，应检测电源正负电压。用示波器测量、观察 $DS_1 \sim DS_4$、$Q_0 \sim Q_3$ 波形，判别故障所在。

（3）用电阻、电位器构成一个简单的输入电压 V_X 调节电路，调节电位器，四位数码将相应变化，然后进入下一步精调。

（4）用标准数字电压表（或用数字万用表代替）测量输入电压，调节电位器，使 V_X = 1.000V，这时被调电路的电压指示值不一定显示"1.000"，应调整基准电压源，使指示值与标准电压表误差个位数在 5 之内。

（5）改变输入电压 V_X 极性，使 V_i = -1.000V，检查"-"是否显示，并按（4）方法校准显示值。

（6）在 +1.999V～0～-1.999V 量程内再一次仔细调整（调基准电源电压），使全部量程内的误差个位数都在 5 之内。至此一个测量范围在 ±1.999 的三位半数字直流电压表调试成功。

4. 其他

（1）记录输入电压为 ±1.999、±1.500、±1.000、±0.500、0.000（标准数字电压表的读数）时被调数字电压表的显示值，列表记录之。

（2）用自制数字电压表测量正、负电源电压。如何测量，试设计扩程测量电路。

（3）若积分电容 C_1、C_{02}（0.1μF）换用普通金属化纸介电容时，观察测量精度的变化。

五、思考题

（1）仔细分析图 4 - 33 各部分电路的连接及其工作原理。

（2）参考电压 V_R 上升，显示值增大还是减小？

（3）要使显示值保持某一时刻的读数，电路应如何改动？

六、实验报告

（1）绘出三位半直流数字电压表的电路接线图。

（2）阐明组装、调试步骤。

（3）说明调试过程中遇到的问题和解决的方法。

（4）记录组装、调试数字电压表的心得体会。

第六节 电子秒表

一、实验目的

（1）学习数字电路中基本 RS 触发器、单稳态触发器、时钟发生器、计数及译码显示等单元电路的综合应用。

（2）学习电子秒表的调试方法。

二、实验原理

图 4-36 所示为电子秒表的原理图。按功能分成四个单元电路进行分析。

1. 基本 RS 触发器

图 4-36 中单元 I 为用集成与非门构成的基本 RS 触发器，属低电平直接触发的触发器，有直接置位、复位的功能。

它的一路输出 $\overline{Q}$ 作为单稳态触发器的输入，另一路输出 Q 作为与非门 5 的输入控制信号。

按动按钮开关 K_2（接地），则与非门 1 输出 $\overline{Q}=1$，与非门 2 输出 $Q=0$，K_2 复位后，Q、$\overline{Q}$ 状态保持不变。再按动按钮开关 K_1，则 Q 由 0 变为 1，与非门 5 开启，为计数器启动做好准备。$\overline{Q}$ 由 1 变 0，送出负脉冲，启动单稳态触发器工作。

基本 RS 触发器在电子秒表中的职能是启动和停止秒表的工作。

2. 单稳态触发器

图 4-36 中单元 II 为用集成与非门构成的微分型单稳态触发器，图 4-37 为各点波形图。

单稳态触发器的输入触发负脉冲信号 V_i 由基本 RS 触发器 $\overline{Q}$ 端提供，输出负脉冲 V。通过与非门加到计数器的清除端 R。

静态时，与非门 4 应处于截止状态，故电阻 R 必须小于门的关门电阻 R_{off}。定时元件 RC 取值不同，输出脉冲宽度也不同。当触发脉冲宽度小于输出脉冲宽度时，可以省去输入微分电路的 R_P 和 C_P。

单稳态触发器在电子秒表中的职能是为计数器提供清零信号。

3. 时钟发生器

图 4-36 中单元 III 为用 555 定时器构成的多谐振荡器，是一种性能较好的时钟源。

调节电位器 R_W，使在输出端 3 获得频率为 50Hz 的矩形波信号，当基本 RS 触发器 $Q=1$ 时，与非门 5 开启，此时 50Hz 脉冲信号通过与非门 5 作为计数脉冲加于计数器 (1) 的计数输入端 CP_2。

4. 计数及译码显示

二-五-十进制加法计数器 74LS90 构成电子秒表的计数单元，如图 4-36 中单元 IV 所示。其中计数器 (1) 接成五进制形式，对频率为 50Hz 的时钟脉冲进行五分频，在输出端 Q_D 取得周期为 0.1s 的矩形脉冲，作为计数器 (2) 的时钟输入。计数器 (2) 及计数器 (3) 接成 8421 码十进制形式，其输出端与实验装置上译码显示单元的相应输入端连接，可显示 0.1~0.9s；1~9.9s 计时。

74LS90 是异步二-五-十进制加法计数器，它既可以作二进制加法计数器，又可以作五进制和十进制加法计数器。图 4-38 为 74LS90 引脚排列，表 4-21 为其功能表。

通过不同的连接方式，74LS90 不仅可以实现四种不同的逻辑功能，还可借助 $R_{0(1)}$、$R_{0(2)}$ 对计数器清零，借助 $S_{9(1)}$、$S_{9(2)}$ 将计数器置 9。其具体功能（表 4-21）详述如下：

(1) 计数脉冲从 CP_1 输入，Q_A 作为输出端，为二进制计数器。

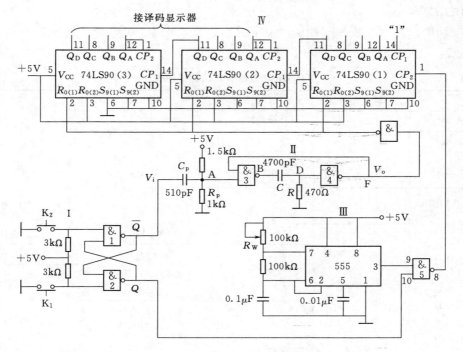

图 4-36 电子秒表原理图

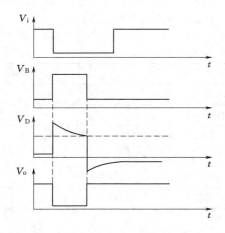

图 4-37 单稳态触发器波形图

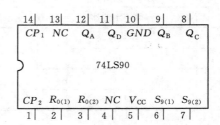

图 4-38 74LS90 引脚排列

(2) 计数脉冲从 CP_2 输入，$Q_D Q_C Q_B$ 作为输出端，为异步五进制加法计数器。

(3) 若将 CP_2 和 Q_A 相连，计数脉冲由 CP_1 输入，Q_D、Q_C、Q_B、Q_A 作为输出端，则构成异步 8421 码十进制加法计数器。

(4) 若将 CP_1 与 Q_D 相连，计数脉冲由 CP_2 输入，Q_A、Q_D、Q_C、Q_B 作为输出端，则构成异步 5421 码十进制加法计数器。

(5) 清零、置 9 功能。

异步清零：当 $R_{0(1)}$、$R_{0(2)}$ 均为 "1"，$S_{9(1)}$、$S_{9(2)}$ 中有 "0" 时，实现异步清零功能，

即 $Q_D Q_C Q_B Q_A = 0000$。

置 9 功能：当 $S_{9(1)}$、$S_{9(2)}$ 均为 "1"；$R_{0(1)}$、$R_{0(2)}$ 中有 "0" 时，实现置 9 功能，即 $Q_D Q_C Q_B Q_A = 1001$。

表 4-21　　　　　　　　　　　　74LS90 计数器逻辑功能说明表

输　入				输　出				功　能
清 0		置 9		时钟		Q_D　Q_C　Q_B　Q_A		
$R_{0(1)}$、$R_{0(2)}$		$S_{9(1)}$、$S_{9(2)}$		CP_1　CP_2				
1　　1		0　　×　　×　　0		×　　×		0　　0　　0　　0		清　0
0　　×　　×　　0		1　　1		×　　×		1　　0　　0　　1		置　9
0　　×　　×　　0		0　　×　　×　　0		↓　　1		Q_A 输出		二进制计数
				1　　↓		$Q_D Q_C Q_B$ 输出		五进制计数
				↓　　Q_A		$Q_D Q_C Q_B Q_A$ 输出 8421BCD 码		十进制计数
				Q_D　　↓		$Q_A Q_D Q_C Q_B$ 输出 5421BCD 码		十进制计数
				1　　1		不　变		保　持

三、实验设备与器件

实验设备与器件见表 4-22。

表 4-22　　　　　　　　　　　　实 验 设 备 与 器 件

序号	名　　称	型号与规格	数量	备注
1	数字电路实验台	DZX-1	1	
2	数字示波器	DS1102	1	
3	集成电路	74LS00、555、74LS90	2、1、3	
4	万用表	VC9804A+	1	
5	电容器、电阻、电位器	根据接线图所示	若干	
6	译码显示器	8 段共阴极	4	

四、实验内容

由于实验电路中使用器件较多，实验前必须合理安排各器件在实验装置上的位置，使电路逻辑清楚、接线较短。

实验时，应按照实验任务的次序，将各单元电路逐个进行接线和调试，即分别测试基本 RS 触发器、单稳态触发器、时钟发生器及计数器的逻辑功能，待各单元电路工作正常后，再将有关电路逐级连接起来进行测试，直到测试电子秒表整个电路的功能。

这样的测试方法有利于检查和排除故障，保证实验顺利进行。

1. 基本 RS 触发器的测试

测试方法参考"触发器及其应用"。

2. 单稳态触发器的测试

(1) 静态测试。用直流数字电压表测量 A、B、D、F 各点电位值。记录之。

(2) 动态测试。输入端接 1kHz 连续脉冲源，用示波器观察并描绘 D 点（V_D）、F 点（V_o）波形，如嫌单稳输出脉冲持续时间太短，难以观察，可适当加大微分电容 C（如改为 $0.1\mu F$），待测试完毕，再恢复 4700pF。

3. 时钟发生器的测试

测试方法参考实验"555 时基电路及其应用"，用示波器观察输出电压波形并测量其频率，调节 R_W，使输出矩形波频率为 50Hz。

4. 计数器的测试

(1) 计数器（1）接成五进制形式，$R_{0(1)}$、$R_{0(2)}$、$S_{9(1)}$、$S_{9(2)}$ 接逻辑开关输出插口，CP_2 接单次脉冲源，CP_1 接高电平"1"，$Q_D \sim Q_A$ 接实验设备与器件上译码显示输入端 D、C、B、A，按表 4-21 测试其逻辑功能，记录之。

(2) 计数器（2）及计数器（3）接成 8421 码十进制形式，同内容（1）进行逻辑功能测试，记录之。

(3) 将计数器（1）、（2）、（3）级连，进行逻辑功能测试，记录之。

5. 电子秒表的整体测试

各单元电路测试正常后，按图 4-36 把几个单元电路连接起来，进行电子秒表的总体测试。

先按一下按钮开关 K_2，此时电子秒表不工作，再按一下按钮开关 K_1，则计数器清零后便开始计时，观察数码管显示计数情况是否正常，如不需要计时或暂停计时，按一下开关 K_2，计时立即停止，但数码管保留所计时之值。

6. 电子秒表准确度的测试

利用电子钟或手表的秒计时对电子秒表进行校准。

五、实验报告

(1) 总结电子秒表整个调试过程。

(2) 分析调试中发现的问题及故障排除方法。

第五章 综 合 训 练

第一节　超外差式收音机的装调实训

一、实训目的

通过一台调幅收音机的安装、焊接和调试，使学生了解电子产品的装配过程，掌握电子元器件的识别方法和质量检验标准，了解整机的装配工艺，培养学生的实践技能。

二、实训要求

(1) 会分析收音机电路图。

(2) 对照收音机原理图能看懂印制电路板图和接线图。

(3) 认识电路图上各种元器件的符号，并与实物相对照。

(4) 会测试各种元器件的主要参数。

(5) 认真细心地按照工艺要求进行产品的安装和焊接。

(6) 按照技术指标对产品进行调试。

三、原理说明

收音机的原理，是把广播电台发射的无线电波中的音频信号取出来，加以放大，然后通过扬声器还原出声音。具体而言，天线（磁棒具有聚集电磁波磁场的能力，天线线圈则绕在磁棒上）接收到的许多广播电台的高频信号，通过输入回路（为并联谐振回路，具有选频作用）选出其中所需要的电台信号送到变频级的基极，同时，由本机振荡器产生高频等幅波信号，它的频率高于被选电台载波 465kHz，也送到变频级的发射极，两者通过晶体管 be 结的非线性变换，将高频调幅波变换成载波为 465kHz 的中频调幅波信号。在这个变换过程中，被改变的只是已调幅波载波的频率，而调幅波振幅的变化规律（调制信号即声音）并未改变。变换后的中频信号通过变频级集电极接的 LC 并联回路选出载波为 465kHz 的中频调幅信号，被送到中频放大器，放大后，再送入检波器进行幅度检波，从而还原出音频信号，然后通过低频电压放大和功率放大，再去推动扬声器，还原出声音。超外差式收音机是目前较普及的收音机，其原理框图如图 5-1 所示，原理图如图 5-2 所示。它由天线、输入回路、本机振荡器、变频器、中频放大器、检波器、低频电压放大器、功率放大器等部分组成。

1. 输入回路

从天线接收进来的高频信号首先进入输入调谐回路。输入回路的任务是：通过天线收集电磁波，使之变为高频电流；选择信号，在众多的信号中，只有载波频率与输入调谐回路相同的信号才能进入收音机。

输入调谐回路由双联可调电容 C_A 和 T_1 的一次线圈 L_{ab} 组成，这是一并联谐振回路。

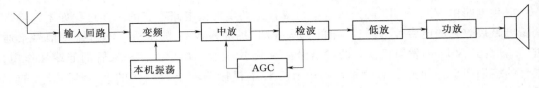

图 5-1 收音机原理框图

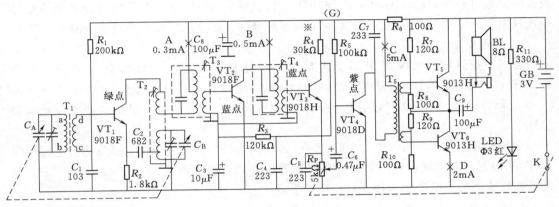

图 5-2 中夏 S66E 型超外差式收音机原理图

T_1 是一磁性天线线圈，从天线接收的高频信号，通过输入调谐电路选出所需电台信号，当选取不同的电台时，只需要改变 C_A 即可。

2. 变频和本机振荡级

从输入回路送来的调幅信号和本机振荡器产生的等幅信号一起送到变频级，经过变频级产生一个新的频率，这一新的频率恰好是输入信号频率和本机振荡频率的差值，称为差频。例如，输入信号频率是 535kHz，本机振荡频率是 1000kHz，那么它们的差频就是 1000kHz−535kHz＝465kHz；当输入信号频率升高至 1605kHz 时，本机振荡频率也随之升高，变成 2070kHz。也就是说，在超外差式收音机中，本机振荡频率始终要比输入信号的频率高 465kHz。这个在变频过程中新产生的差频比原来输入信号的频率要低，比音频却要高得多，因此将它称为中频。不论原来输入信号的频率是多少，经过变频以后都变成一个固定的中频，然后再送到中频放大器继续放大，这是超外差式收音机的一个重要特点。以上三种频率之间的关系可以用下式表达

本机振荡频率−输入信号频率＝中频

本机振荡和变频合起来称为变频电路，变频电路以 VT_1 为中心，它的作用是把通过调谐电路接收到的不同频率的电台信号变换成固定的 465kHz 中频信号。VT_1、T_2、C_B 组成本机振荡电路，它的任务是产生一个比输入信号频率高 465kHz 的等幅高频振荡信号。由于 C_1 对高频信号相当于短路，T_1 的二次线圈 L_{cd} 电感量又非常小，对高频信号提供了通路，所以本机振荡电路是共基极电路，振荡频率由 T_2 和 C_B 控制，C_B 是双联电容的另一段，调节它可以改变本机振荡频率。T_2 是振荡线圈，它的一次线圈绕在同一磁芯上，它们把 VT_1 集电极输出的放大信号以正反馈的形式耦合到振荡回路，本机振荡的电压由 T_2 的一次侧抽头引出，通过 C_2 耦合到 VT_1 的发射极上。

混频电路由 VT_1 和 T_3 的一次线圈组成，是共发射极电路，它的工作过程如下：输入调谐电路接收到的电台信号通过 T_1 的二次线圈 L_{cd} 加入 VT_1 的基极，本机振荡信号又通过 C_2 耦合到 VT_1 的发射极上，两种信号在 VT_1 中混合，由于晶体三极管的非线性作用，混合的结果产生各种频率的信号，其中有一种本机振荡和电台频率的差为 465kHz 的信号，这就是中频信号。混频电路的负载是中频变压器 T_3，T_3 的一次线圈和内部的电容组成并联谐振电路，它的谐振频率是 465kHz，因此能把 465kHz 中频信号从众多频率信号中选择出来，并通过 T_3 的二次线圈耦合到下一级去，而其他信号几乎被滤除掉。

3. 中频放大级

由于中频信号的频率固定不变而且比高频略低（我国规定调幅收音机的中频为 465kHz），所以它比高频信号更容易调谐和放大。通常，中频放大级包括 1—2 级放大及 2—3 级调谐回路，超外差式收音机的灵敏度和选择性在很大程度上就取决于中频放大级性能。

中频放大电路主要由 VT_2、VT_3 组成，第一中频放大电路中 VT_2 的负载由中频变压器 T_4 和内部电容组成，它们又组成并联谐振电路，谐振频率是 465kHz。这样一来，超外差式收音机的灵敏度和选择性就提高了很多。

4. 检波与 AGC 电路

经过中频放大级后，中频信号进入检波级，检波级也要完成两个任务：一是在尽可能减小失真的前提下把中频调幅信号还原成音频；二是将检波后的直流分量送回中频放大级，控制中频放大级的增益（即放大量），使该级不致发生削波失真，通常称为自动增益控制电路，简称 AGC 电路。

中频信号经过一级充分放大后通过 T_4 耦合到检波管 VT_3，VT_3 既起放大作用，又起检波作用。VT_3 构成三极管检波电路，这种电路效率高，有较强的自动增益控制（AGC）的作用。其过程为：外加信号电压↑→V_{b3}↑→I_{b3}↑→I_{c3}↑→V_{c3}↓ 通过 R_3→V_{b2}↓→I_{b2}↓→I_{c2}↓→外信号电压↓。

检波级的主要任务是把中频调幅信号还原成音频信号，C_4、C_5 起滤去残余中频信号的作用。

5. 低频前置放大级（也称电压放大级）

从检波级输出的音频信号很小，只有几毫伏到几十毫伏。电压放大的任务就是将它放大几十至几百倍。

检波后的信号由电位器 R_P 送到前置低放管 VT_4，经过低放管可以将音频信号放大几十至几百倍，但音频信号放大后带负载能力很差，不能直接推动扬声器工作，还需要功率放大。旋转电位器 R_P 可以调节 VT_4 对地的基极电压以达到调节音量大小的目的。

6. 功率放大级（OTL 电路）

电压放大级的输出虽然可以达到几伏，但是它的带负载能力还很差，这是因为它的内阻比较大，只能输出不到 1mA 的电流，所以还要再经过功率放大才能推动扬声器还原成声音。一般，袖珍收音机的输出功率在 50～100mW。

放大器的任务是不仅要输出较大的电压，而且能够输出较大的电流。本电路采取无输出变压器的功率放大电路，可以消除由变压器引起的失真和损耗，频率特性也好，还可以减轻放大器的重量和体积。

功率放大级是由 VT_5、VT_6 和输入变压器 T_5 组成的乙类推挽功放电路（即有输入变压器但无输出变压器功率放大电路也称 OTL 电路）。其特点是：在信号的一个周期内，两管轮流导通，最后在输出端相互叠加，结果在负载扬声器上合成完整的不失真的波形。R_7、R_8、R_9、R_{10} 分别为 VT_5、VT_6 的偏置电阻，T_5 倒相耦合，C_9 既是输出耦合电容，又是隔直电容。电容 C_9 越大越好，无输出变压器的输出阻抗低，可以直接推动扬声器工作。

四、实训预习内容

1. 标准超外差式调幅收音机简介

标准超外差式调幅收音机一般为六管中波段收音机，采用全硅管线路，内置机内磁性天线，收音效果良好，并设有外接耳机插口。中夏 S66E 型超外差式收音机的元器件清单见表 5-1。

表 5-1　　　　　　　　　　中夏 S66E 型超外差式收音机的元器件清单

序号	名称	型号规格	位号	数量	序号	名称	型号规格	位号	数量
1	三极管	9018	VT_1、VT_2、VT_3	3 只	18	瓷片电容	682、103	C_2、C_1	各 1 只
2	三极管	9014	VT_4	1 只	19	瓷片电容	223	C_4、C_5、C_7	3 只
3	三极管	9013H	VT_5、VT_6	2 只	20	双联电容		C_A	1 只
4	发光管		LED	1 只	21	收音机前盖			1 只
5	磁棒线圈		T_1	1 套	22	收音机后盖			1 只
6	中周	红、白、黑	T_2、T_3、T_4	3 个	23	刻度盘、音窗			1 只
7	变压器		T_5	1 个	24	双联拨盘			1 只
8	扬声器		BL	1 个	25	电位器拨盘			1 只
9	电阻器	100Ω	R_6、R_8、R_{10}	3 只	26	磁棒支架			1 只
10	电阻器	120Ω	R_7、R_9	2 只	27	印制电路板			1 只
11	电阻器	330Ω、1.8kΩ	R_{11}、R_2	各 1 只	28	说明			1 页
12	电阻器	30kΩ、100kΩ	R_4、R_5	各 1 只	29	电池正负极片	3 件		1 套
13	电阻器	120kΩ、200kΩ	R_3、R_1	各 1 只	30	连接导线			4 根
14	电位器	5kΩ	R_P	1 只	31	耳机插座			1 只
15	电解电容	0.47μF	C_6	1 只	32	双联拨盘螺钉			3 颗
16	电解电容	10μF	C_3	1 只	33	电位器拨盘螺钉			1 颗
17	电解电容	100μF	C_8、C_9	2 只	34	自攻螺钉			1 颗

2. 中夏 S66E 型超外差式收音机的技术指标

频率范围：535～1605kHz；

输出功率：50mW（不失真）、150mW（最大）；

扬声器：Φ57mm、8Ω；

电源：3V（两节五号电池）；

体积：122mm×65mm×25mm（宽×高×厚）。

五、实训步骤

（1）用万用表检测收音机各个元器件（表5－2）。将测量结果填入实习报告。注意：VT_5、VT_6 的 hFE 相差应不大于 20%，同学之间可互相调整使管子性能配对。

表5－2　　　　　　　　　　**万用表检测元件量程说明表**

类别	测量内容	万用表功能及量程	禁止用量程
R	电阻值	Ω	
VT	hFE（VT_5、VT_6配对）	$\Omega\times10$，hFE	$\Omega\times1$，$\Omega\times1k$
T	绕组、电阻、绕组与壳绝缘	$\Omega\times1$	
C	绝缘电阻	$\Omega\times1k$	
电解 C_D	绝缘电阻及质量	$\Omega\times1k$	

（2）用万用表检测输出、输入变压器绕组的内阻。

（3）对元器件的引线进行镀锡处理。

（4）检查印制电路板的铜箔线条是否完好。中夏S66E型超外差式收音机的印制电路板如图5－3所示。要特别注意检查板上的铜箔线条有无断线及短路的情况，还要特别注意板的边缘是否完好，图5－4所示为有问题的电路板。

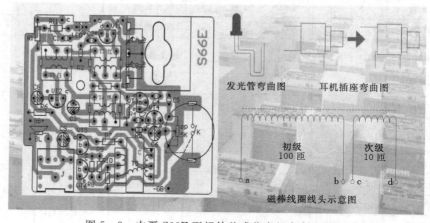

图5－3　中夏S66E型超外差式收音机印制电路板

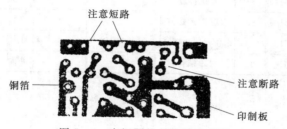

图5－4　有问题的电路板示意图

（5）安装元器件。元器件的安装质量及顺序直接影响整机的质量与成功率，合理的安装需要思考和经验。表5－3中所示的安装顺序及要点是经过实践检验，被证明是较好的一种安装方法。

注意：安装时，所有元器件的高度不得高于中周的高度。

表 5 - 3　　　　　　　　　　　　元器件的安装顺序及要点

顺序	内　容	备　注
1	安装全部电阻	注意高度
2	安装全部电容	注意极性、高度；长腿为＋极
3	安装 VT$_1$～VT$_6$	注意极性、高度及色标
4	安装 T$_2$、T$_3$、T$_4$	要求中周安装到底，外壳固定支脚内弯 90°
5	安装 T$_5$	引线固定
6	安装双联、电位器及磁棒架	
7	焊 T$_1$、电池引线、拨盘；装磁棒	线圈 L$_2$ 应靠近双联电容一边
8	装扬声器	

（6）收音机的检测和调试。学生通过对自己组装的收音机的通电检测调试，可以了解一般电子产品的生产调试过程，初步学习调试电子产品的方法。中夏 S66E 型超外差式收音机的电原理图如图 5-2 所示。收音机的检测调试流程如图 5-5 所示。

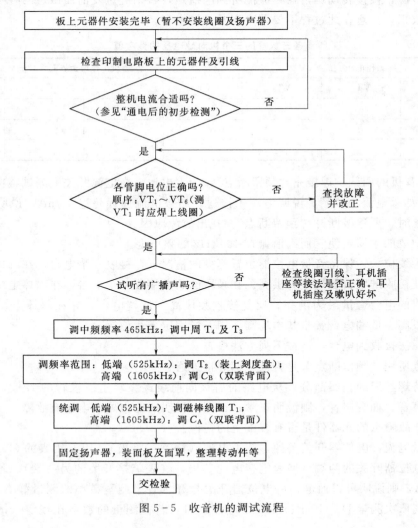

图 5-5　收音机的调试流程

1) 通电前的检测工作。同学之间对安装好的收音机进行自检和互检，检查焊接质量是否达到要求，特别注意检查各电阻的阻值是否与图纸所示位置的阻值相同，各三极管和二极管是否有极性焊错的情况。

收音机在接入电源前，必须检查电源有无输出电压（3V）和引出线的正负极是否正确。

2) 通电后的初步检测。将收音机接入电源，要注意电源的正、负极性，将频率盘拨到 530kHz 附近的无台区，在收音机开关不打开的情况下，首先测量整机静态工作的总电流 I_0。然后将收音机开关打开，分别测量三极管 $VT_1 \sim VT_6$ 的 E、B、C 三个电极对地的电压值（即静态工作点），将测量结果填到实习报告中。注意：该项检测工作非常重要，在收音机开始正式调试前，该项工作必须要做。表 5 - 4 记录各个三极管的三个极对地电压值。

3) 试听。如果元器件质量完好，安装也正确，初测结果正常，即可进行试听。将收音机接通电源，慢慢转动调谐盘，应能听到广播声，否则应重复前面做过的各项检查，找出故障并改正，注意在此过程不要调中周及微调电容。

表 5 - 4 各三极管的三个极对地电压的参考值

工作电压：$E_c = 3V$			整机工作电流：$I_0 = 15mA$		
三极管	VT_1	VT_2	VT_3	VT_4	VT_5	VT_6
E						
B						
C						

4) 收音机的调试。焊接完"预留断点"，装上电池，在电源开关上测试整机静态电流（15mA）。如果电流为"0"，说明电源未接通。如果电流远远超过 15mA，说明有局部短路现象，此时，要逐级断开"预留断点"，找出故障原因。

校准中放的中周，使它们都谐振在 465kHz 的频率上。

调整天线位置，保持音量电位器位置不变的情况下，接收一个电台，在磁棒上微调天线位置，使接收的电台音量最为洪亮。在频段的高端接收一个电台，在磁棒上微调天线位置，使接收的电台音量最为洪亮。反复接收频段高、低端电台，并在磁棒上微调天线位置，使频段高、低端电台音量基本均衡。用石蜡固定天线位置。

如果无法接收到电台，请按下列方法检查：

①检查所用"预留断点"是否被全部焊接连通。

②手持螺丝刀的金属部分，从电路的后级向前级逐级轻击三极管的 B 极，听扬声器中是否有声音。如有声音，则说明正常；否则，说明所检查处的电路有故障。

③检查故障点的元器件是否有装配上的错误。

④测量电流，电位器开关关掉，装上电池（注意正负极），用万用表的 50mA 挡，表笔跨接在电位器开关的两端（黑表笔接电池负极，红表笔接开关的另一端），若电流指示小于 10mA，则说明可以通电，将电位器开关打开（音量旋至最小即测量静态电流），用万用表分别依次测量 D、C、B、A 四个电流缺口，若被测量的数字在规定（请参考电原

理图）的参考值左右即可用烙铁将四个缺口依次连通，再把音量开到最大，调双联拨盘即可收到电台，在安装电路板时注意把喇叭及电池引线埋在比较隐蔽的地方，并不要影响调谐拨盘的旋转和避开螺钉桩子，电路板挪位后再上螺钉固定。

（7）收音机产品的验收。要按产品出厂的要求进行验收。

1）外观：机壳及频率盘清洁完整，不得有划伤、烫伤及缺损。

2）印制电路板安装整齐美观，焊接质量好，无损伤。

3）导线焊接要可靠，不得有虚焊，特别是导线与正负极片间的焊接位置和焊接质量要好。

4）整机安装合格：转动部分灵活，固定部分可靠，后盖松紧合适。

5）性能指标要求：①频率范围：525～1605kHz；②灵敏度较高；③收音机的音质清晰、洪亮、噪声低。

六、实训器材

（1）标准超外差式六管中波段调幅收音机套件一套。

（2）万用表一只。

（3）焊接工具一套。

（4）无感起子、十字起子各一把。

七、实训报告

（1）按实训内容要求整理实验数据。

（2）画出实训内容中的电路图、接线图。

第二节　数字万用表的组装

一、实训目的

通过对DT830B型数字万用表的安装、焊接和调试，掌握电子产品的装配过程及电子元器件的识别方法，培养学生的实践技能。

二、实训要求

（1）看懂印制电路板图和接线图。

（2）认识电路图上各种元器件的符号，并与实物相对照。

（3）熟悉各集成电路的引脚安排。

（4）认真细心地按照工艺要求进行产品的安装和焊接。

三、实训仪器及工具

（1）DT830B型数字万用表套件一套。

（2）万用表一只。

（3）焊接工具一套。

（4）无感起子、十字起子各一把。

四、原理说明

DT830B型数字万用表是三位半液晶显示小型数字万用表，其原理框图如图5-6所示。它可以测量交直流电压和交直流电流、电阻、电容、三极管β值、二极管导通电压和电路短接等，由一个旋转波段开关改变测量的功能和量程，共有 30 挡。

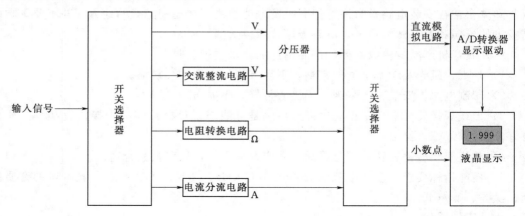

图 5-6　DT830B 型数字万用表原理框图

DT830B 型数字万用表最大显示值为±1999，可自动显示"0"和极性，过载时显示"1"或"-1"，电池电压过低时，显示"←"标志，短路检查用蜂鸣器。

DT830B 型数字万用表的核心是一片大规模集成电路，该芯片（ICL7106）内部包含双积分 A/D 转换器、显示锁存器、七段译码器和显示驱动器。输入仪表的电压或电流信号经过一个开关选择器转换成一个 0～199.9mV 的直流电压。例如输入信号 100VDC，就用 1000∶1 的分压器获得 100.0mVDC；输入信号 100VAC，首先整流为 100VDC，然后再分压成 100.0mVDC。

电流测量则通过选择不同阻值的分流电阻获得。采用比例法测量电阻，方法是利用一个内部电压源加在一个已知电阻值的系列电阻和串联在一起的被测电阻上。被测电阻上的电压与已知电阻上的电压之比值，与被测电阻值成正比。

输入 ICL7106 的直流信号被接入一个 A/D 转换器，转换成数字信号，然后送入译码器转换成驱动 LCD 的七段码。

A/D 转换器的时钟是由一个振荡频率约 48kHz 的外部振荡器提供的，它经过一个四分之一分频获得计数频率，这个频率获得 2.5 次/s 的测量速率。四个译码器将数字转换成七段码的四个数字，小数点由选择开关设定。

1. ICL7106 引脚（图 5-7）功能说明

V+、V-：电源的正极和负极，A_1～A_3、B_1～B_3、C_1～C_3、D_1～D_3、E_1～E_3、F_1～F_3、G_1～G_3：个位、十位、百位笔画的驱动信号，依次接个位、十位、百位 LED 显示器的相应笔画电极。

AB_4：千位笔画驱动信号。接千位 LED 显示器的相应笔画电极。

BP：液晶显示器背面公共电极的驱动端，简称背电极。

OSC_1～OSC_3：时钟振荡器的引出端，外接阻容或石英晶体组成的振荡器。

ANALOG：模拟信号公共端，简称"模拟地"，使用时一般与输入信号的负端以及基准电压的负极相连。

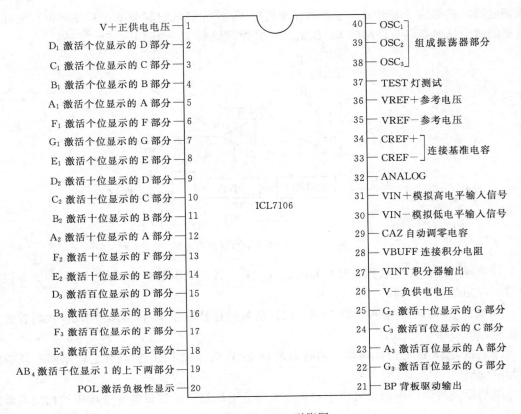

图 5-7 ICL7106 引脚图

TEST：测试端，该端经过 500Ω 电阻接至逻辑电路的公共地，故也称"逻辑地"或"数字地"。

VREF＋、VREF－：基准电压正负端。

CREF：外接基准电容端。

VINT：积分电容器，必须选择温度系数小不致使积分器的输入电压产生漂移现象的元件。

VIN＋、VIN－：模拟量输入端，分别接输入信号的正端和负端。

VBUFF：缓冲放大器输出端，接积分电阻 R_{int}。其输出级的无功电流是 $100\mu A$，而缓冲器与积分器能够供给 $20\mu A$ 的驱动电流，从此引脚接一个 R_{int} 至积分电容器，其值在满刻度 200mV 时选用 $47k\Omega$，而 2V 满刻度则使用 $470k\Omega$。

2. ICL7106 的工作原理

双积分型 A/D 转换器 ICL7106 是一种间接 A/D 转换器。它通过对输入模拟电压和参考电压分别进行两次积分，将输入电压平均值变换成与之成正比的时间间隔，然后利用脉冲时间间隔，进而得出相应的数字性输出。

它的原理框图如图 5-8 所示，它包括积分器、比较器、计数器，控制逻辑和时钟信号源。积分器是 A/D 转换器的核心，在一个测量周期内，积分器先后对输入信号电压和基准电压进行两次积分。比较器将积分器的输出信号与零电平进行比较，比较的结果作为数字电路的控制信号。时钟信号源的标准周期 T_c 作为测量时间间隔的标准时间。它是由内部的两个反向器以及外部的 RC 组成的，其振荡周期 $T_c = 2RC\ln 1.5 = 2.2RC$。

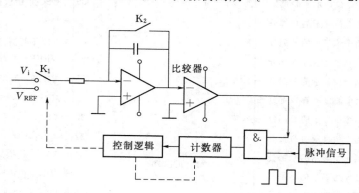

图 5 - 8　ICL7106A/D 转换器原理

计数器对反向积分过程的时钟脉冲进行计数。控制逻辑包括分频器、译码器、相位驱动器、控制器和锁存器。

分频器用来对时钟脉冲逐渐分频，得到所需的计数脉冲 f_c 和共阳极 LED 数码管公共电极所需的方波信号 f_c。

译码器为 BCD 七段译码器，将计数器的 BCD 码译成 LED 数码管七段笔画组成数字的相应编码。

驱动器是将译码器输出对应于共阳极数码管七段笔画的逻辑电平变成驱动相应笔画的方波。

控制器的作用有三个：①识别积分器的工作状态，适时发出控制信号，使各模拟开关接通或断开，A/D 转换器能循环进行；②识别输入电压极性，控制 LED 数码管的负号显示；③当输入电压超量限时发出溢出信号，使千位显示"1"，其余码全部熄灭。

锁存器用来存放 A/D 转换的结果，锁存器的输出经译码器后驱动 LED。它的每个测量周期有自动调零（AZ）、信号积分（INT）和反向积分（DE）三个阶段。

五、安装顺序及说明

（1）将输入插孔小的一头从电路板元件面装入电路板对应的焊盘孔（图 5 - 9），从元件面将输入孔焊接在电路板上，焊锡要求流满整个焊盘。

（2）将锰铜丝电阻从元件面插入电路板对应孔，要求锰铜丝电阻高出电路板元件面 5mm，从元件面将锰铜丝电阻焊接在电路板上。

（3）从液晶片表面揭去透明保护膜（注意：不要揭去背面的银色衬背）。在面盖里边依次放入液晶片、斑马条框架以及斑马条。

（4）打开装有白凡士林的塑料袋，取一点白凡士林放入拨盘的弹簧孔中，然后将两只拨盘弹簧装入拨盘弹簧孔中。

（5）将两只钢珠对称放入面盖内的凹痕中。

（6）将六只温动接触片装在拨盘上。

（7）拨盘放入面盖中，注意拨盘的弹簧孔对准面盖上的钢珠。中心轴放入面盖中，确

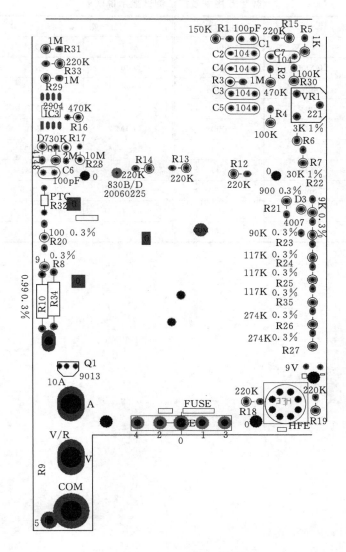

图 5-9 DT830B 印制电路板

保八脚插座放入面盖的对应孔中，然后用三只 6mm 螺钉紧固电路板。

（8）将 0.5A/250V 保险管装入保险管座中。将功能面牌的衬底剥离，然后将功能面牌贴在面盖上。

（9）将 9V 电池盖在电池扣上，并置于电池仓。

六、测试

不要连接测试笔到仪表，转动拨盘，仪表在各挡位的读数见表 5-5，负号（－）可能会在挡位调整过程中闪动显示，另外尾数有一些数字的跳动也是算正常的。

七、实训报告

总结装配 DT830B 型数字万用表的体会。

表 5 - 5　　　　　　　　　　　　　**数字万用表各挡位测试显示说明表**

功　能　量　程		显示数字	功　能　量　程		显示数字
	200mV	00.0	*hFE*	三极管	000
	2000mV	000	Diode	二极管	1
DCV	20V	0.00		200Ω	1
	200V	00.0		2000Ω	1
	1000V	000	OHM	20kΩ	1
	200μA	00.0		200kΩ	1
	2000μA	000		2000kΩ	1
DCA	20mA	0.00	通断测试	30Ω 以下	1
	200mA	00.0			
	10A	0.00			

第六章 电力拖动实验

第一节 三相异步电动机点动和自锁控制电路

一、实验目的

（1）通过三相异步电动机点动控制和自锁控制电路的实际安装接线，掌握由电气原理图变换成安装接线图的知识。

（2）通过实验进一步加深理解点动控制和自锁控制的特点以及在机床控制中的应用。

二、选用组件

1. 实验设备

实验设备见表 6-1。

表 6-1　　　　　　　　　　　　　实　验　设　备

序号	型号	名　　　称	数量
1	DJ24	三相鼠笼式异步电动机（△/220V）	1
2	D61	继电接触控制挂箱（一）	1
3	D62	继电接触控制挂箱（二）	1

2. 屏上挂件排列顺序

屏上挂件排列顺序为：D61、D62。

注意：若未购买 D62 挂箱，图中的 Q_1 和 FU 可用控制屏上的接触器和熔断器代替，学生可从 U、V、W 端子开始接线。以后都可如此接线。

三、实验方法

实验前，要检查控制屏左侧端面上的调压器旋钮须在零位，下面"直流电机电源"的"电枢电源"开关及"励磁电源"开关须在"关"断位置。开启"电源总开关"，按下启动按钮，旋转控制屏左侧调压器旋钮将三相交流电源输出端 U、V、W 的线电压调到 220V。再按下控制屏上的"停止"按钮以切断三相交流电源。以后在实验接线之前都应如此。

1. 三相异步电动机点动控制电路

按图 6-1 接线，图中 SB_1、KM_1 选用 D61 挂件，Q_1、FU_1、FU_2、FU_3、FU_4 选用 D62 挂件，电动机选用 DJ24（△/220V）。接线时，先接主电路，它是从 220V 三相交流电源的输出端 U、V、W 开始，经三刀开关 Q_1，熔断器 FU_1、FU_2、FU_3，接触器 KM_1 主触点到电动机 M 的三个线端 A、B、C 的电路，用导线按顺序串联起来，有三路。主电路经检查无误后，再接控制电路，从熔断器 FU_4 插孔 W 开始，经按钮 SB_1 常开、接触器 KM_1 线圈到插孔 V。线接好经指导教师检查无误后，按下列步骤进行实验：

（1）按下控制屏上"启动"按钮。

（2）先合上 Q_1，接通三相交流 220V 电源。

（3）按下启动按钮 SB_1，对电动机 M 进行点动操作，比较按下 SB_1 和松开 SB_1 时电动机 M 的运转情况。

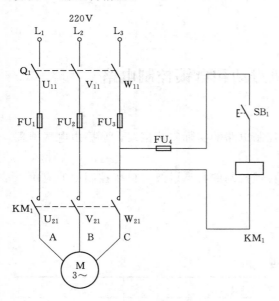

图 6-1　点动控制电路

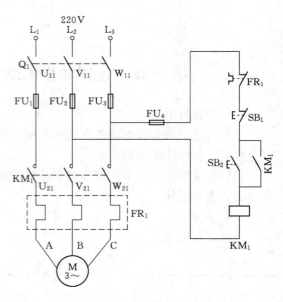

图 6-2　自锁控制电路

2. 三相异步电动机自锁控制电路

按下控制屏上的"停止"按钮以切断三相交流电源。按图 6-2 接线，图中 SB_1、SB_2、KM_1、FR_1 选用 D61 挂件，Q_1、FU_1、FU_2、FU_3、FU_4 选用 D62 挂件，电动机选用 DJ24（△/220V）。检查无误后，启动电源按下述步骤进行实验：

（1）合上开关 Q_1，接通三相交流 220V 电源。

（2）按下启动按钮 SB_2，松手后观察电动机 M 运转情况。

（3）按下停止按钮 SB_1，松手后观察电动机 M 运转情况。

3. 三相异步电动机既可点动又可自锁控制电路

按下控制屏上"停止"按钮切断三相交流电源。按图 6-3 接线，图中 SB_1、SB_2、SB_3、KM_1、FR_1 选用 D61 挂件、Q_1、FU_1、FU_2、FU_3、FU_4 选

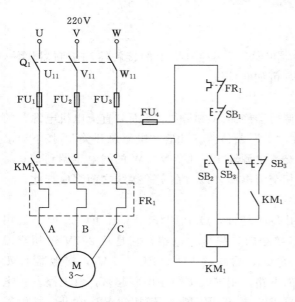

图 6-3　既可点动又可自锁控制电路

用 D62 挂件，电动机选用 DJ24（△/220V），检查无误后通电按下述步骤进行实验：

（1）合上 Q_1 接通三相交流 220V 电源。

（2）按下启动按钮 SB_2，松手后观察电动机 M 是否继续运转。

（3）运转半分钟后按下 SB_3，然后松开，电动机 M 是否停转；连续按下和松开 SB_3，观察此时属于什么控制状态。

（4）按下停止按钮 SB_1，松手后观察电动机 M 是否停转。

四、思考题

（1）试分析什么叫点动，什么叫自锁，并比较图 6-1 和图 6-2 在结构和功能上有什么区别。

（2）图中各个元器件如 Q_1、FU_1、FU_2、FU_3、FU_4、KM_1、FR、SB_1、SB_2、SB_3 各起什么作用？已经使用了熔断器为何还要使用热继电器？已经有了开关 Q_1 为何还要使用接触器 KM_1？

（3）图 6-2 电路能否对电动机实现过电流、短路、欠电压和失电压保护？

（4）画出图 6-1～图 6-3 的工作原理流程图。

第二节　三相异步电动机的正反转控制电路

一、实验目的

（1）通过对三相异步电动机正反转控制线路的接线，掌握由电路原理图接成实际操作电路的方法。

（2）掌握三相异步电动机正反转的原理和方法。

（3）掌握手动控制正反转控制、接触器联锁正反转、按钮联锁正反转控制及按钮和接触器双重联锁正反转控制电路的不同接法，并熟悉在操作过程中有哪些不同之处。

二、选用组件

1. 实验设备

实验设备见表 6-2。

表 6-2　　　　　　　　　　　实　验　设　备

序号	型号	名　　称	数量
1	DJ24	三相鼠笼式异步电动机（△/220V）	1
2	D61	继电接触控制挂箱（一）	1
3	D62	继电接触控制挂箱（二）	1

2. 屏上挂件排列顺序

屏上挂件排列顺序：D61、D62。

三、实验方法

1. 倒顺开关正反转控制电路

（1）旋转控制屏左侧调压器旋钮将三相调压电源 U、V、W 输出线电压调到 220V，按下"停止"按钮切断交流电源。

（2）按图 6 - 4 接线，图中 Q_1（用以模拟倒顺开关）、FU_1、FU_2、FU_3 选用 D62 挂件，电动机选用 DJ24（△/220V）。

（3）启动电源后，把开关 Q_1 合向"左合"位置，观察电动机转向。

（4）运转半分钟后，把开关 Q_1 合向"断开"位置后，再扳向"右合"位置，观察电动机转向。

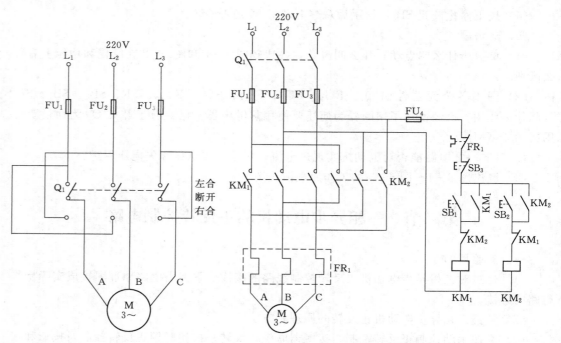

图 6 - 4　倒顺开关正反转控制电路　　　　图 6 - 5　接触器联锁正反转控制电路

2. 接触器联锁正反转控制电路

按下"停止"按钮切断交流电源。按图 6 - 5 接线，图中 SB_1、SB_2、SB_3、KM_1、KM_2、FR_1 选用 D61 挂件，Q_1、FU_1、FU_2、FU_3、FU_4 选用 D62 挂件，电动机选用 DJ24（△/220V）。经指导教师检查无误后，按下"启动"按钮通电操作。

（1）合上电源开关 Q_1，接通 220V 三相交流电源。

（2）按下 SB_1，观察并记录电动机 M 的转向、接触器自锁和联锁触点的吸断情况。

（3）按下 SB_3，观察并记录电动机 M 运转状态、接触器各触点的吸断情况。

（4）按下 SB_2，观察并记录电动机 M 的转向、接触器自锁和联锁触点的吸断情况。

3. 按钮联锁正反转控制电路

按下"停止"按钮切断交流电源。按图 6 - 6 接线，图中 SB_1、SB_2、SB_3、KM_1、KM_2、FR_1 选用 D61 挂件，Q_1、FU_1、FU_2、FU_3、FU_4 选用 D62 挂件，电动机选用 DJ24（△/220V）。经检查无误后，按下"启动"按钮通电操作。

（1）合上电源开关 Q_1，接通 220V 三相交流电源。

（2）按下 SB_1，观察并记录电动机 M 的转向、各触点的吸断情况。

（3）按下 SB_3，观察并记录电动机 M 的转向、各触点的吸断情况。

（4）按下 SB₂，观察并记录电动机 M 的转向、各触点的吸断情况。

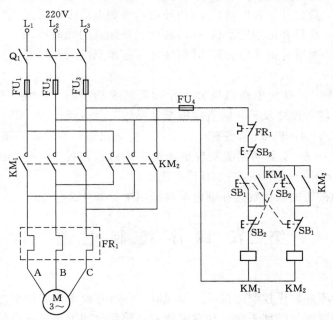

图 6-6　按钮联锁正反转控制电路

4. 按钮和接触器双重联锁正反转控制电路

按下"停止"按钮切断三相交流电源。按图 6-7 接线，图中 SB₁、SB₂、SB₃、KM₁、KM₂、FR₁ 选用 D61 挂件，FU₁、FU₂、FU₃、FU₄、Q₁ 选用 D62 挂件，电动机选用 DJ24（△/220V）。经检查无误后，按下"启动"按钮通电操作。

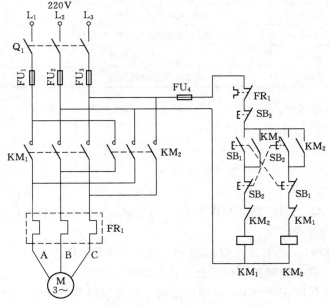

图 6-7　按钮和接触器双重联锁正反转控制电路

（1）合上电源开关 Q_1，接通 220V 交流电源。

（2）按下 SB_1，观察并记录电动机 M 的转向、各触点的吸断情况。

（3）按下 SB_2，观察并记录电动机 M 的转向、各触点的吸断情况。

（4）按下 SB_3，观察并记录电动机 M 的转向、各触点的吸断情况。

四、思考题

（1）在图 6-4 中，欲使电动机反转为什么要把手柄扳到"停止"使电动机 M 停转后，才能扳向"反转"使之反转，若直接扳至"反转"会造成什么后果？

（2）试分析图 6-4～图 6-7 各有什么特点，并画出运行原理流程图。

（3）图 6-5、图 6-6 虽然也能实现电动机正反转直接控制，但容易产生什么故障，为什么？图 6-7 比图 6-5 和图 6-6 有什么优点？

（4）接触器和按钮的联锁触点在继电接触控制中起到什么作用？

第三节 顺序控制电路

一、实验目的

（1）通过各种不同顺序控制的接线，加深对一些特殊要求机床控制电路的了解。

（2）进一步加深学生的动手能力和理解能力，使理论知识和实际经验有效结合。

二、选用部件

1. 实验设备

实验设备见表 6-3。

表 6-3   实 验 设 备

序号	型号	名　称	数量
1	DJ16	三相鼠笼式异步电动机（△/220V）	1
2	DJ24	三相鼠笼式异步电动机（△/220V）	1
3	D61	继电接触控制挂箱（一）	1
4	D62	继电接触控制挂箱（二）	1

2. 屏上挂件排列顺序

屏上挂件排列顺序：D61、D62。

三、实验方法

1. 三相异步电动机启动顺序控制电路（一）

按图 6-8 接线，图中 SB_1、SB_2、SB_3、KM_1、KM_2、FR_1 选用 D61 挂件，FU_1、FU_2、FU_3、FU_4、Q_1、FR_2 选用 D62 挂件，电动机 M_1 选用 DJ16（△/220V），电动机 M_2 选用 DJ24（△/220V）。

（1）按下启动按钮，合上开关 Q_1，接通 220V 三相交流电源。

（2）按下 SB_1，观察电动机运行情况及接触器吸合情况。

（3）保持 M_1 运转时按下 SB_2，观察电动机运转及接触器吸合情况。

（4）在 M_1 和 M_2 都运转时，能不能单独停止 M_2。

（5）按下 SB_3 使电动机停转后，再按下 SB_2，分析电动机 M_2 为什么不能启动。

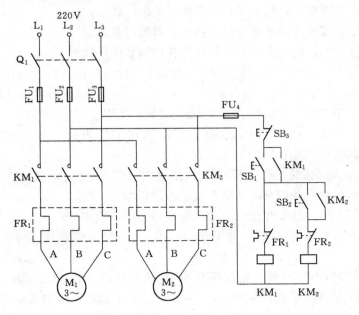

图 6 - 8　启动顺序控制电路（一）

2. 三相异步电动机启动顺序控制电路（二）

按图 6 - 9 接线，图中 SB_1、SB_2、SB_3、FR_1、KM_1、KM_2 选用 D61 挂件，Q_1、FU_1、FU_2、FU_3、FU_4、SB_4、FR_2 选用 D62 挂件，电动机 M_1 选用 DJ16（△/220V），电动机 M_2 选用 DJ24（△/220V）。

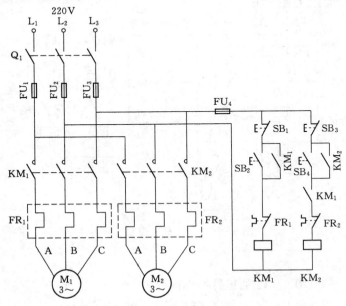

图 6 - 9　启动顺序控制电路（二）

（1）按下屏上启动按钮，合上开关 Q_1，接通 220V 三相交流电源。

（2）按下 SB_2，观察并记录电动机及各接触器运行状态。

（3）按下 SB_4，观察并记录电动机及各接触器运行状态。

（4）单独按下 SB_3，观察并记录电动机及各接触器运行状态。

（5）在 M_1 与 M_2 都运行时，按下 SB_1，观察电动机及各接触器运行状态。

3．三相异步电动机停止顺序控制电路

确保断电后，按图 6-10 接线，图中 SB_1、SB_2、SB_3、FR_1、KM_1、KM_2 选用 D61 挂件，Q_1、FU_1、FU_2、FU_3、FU_4、SB_4、FR_2 选用 D62 挂件，电动机 M_1 选用 DJ16（△/220V），电动机 M_2 选用 DJ24（△/220V）。

（1）按下屏上启动按钮，合上开关 Q_1，接通 220V 三相交流电源。

（2）按下 SB_2，观察并记录电动机及接触器运行状态。

（3）同时按下 SB_4，观察并记录电动机及接触器运行状态。

（4）在 M_1 与 M_2 都运行时，单独按下 SB_1，观察并记录电动机及接触器运行状态。

（5）在 M_1 与 M_2 都运行时，单独按下 SB_3，观察并记录电动机及接触器运行状态。

（6）按下 SB_3 使 M_2 停止后再按 SB_1，观察并记录电动机及接触器运行状态。

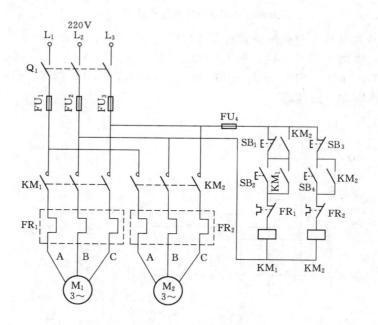

图 6-10　停止顺序控制电路

四、思考题

（1）画出图 6-8～图 6-10 的运行原理流程图。

（2）比较图 6-8～图 6-10 三种电路的不同点和各自的特点。

（3）列举几个顺序控制的机床控制实例，并说明其用途。

第四节 三相鼠笼式异步电动机的降压启动控制电路

一、实验目的

（1）通过对三相异步电动机降压启动的接线，进一步掌握降压启动在机床控制中的应用。

（2）了解不同降压启动控制方式时电流和启动转矩的差别。

（3）掌握在各种不同场合下应用何种启动方式。

二、选用部件

1. 实验设备

实验设备见表6-4。

表 6-4 　　　　　　　　　　　实 验 设 备

序号	型号	名　　称	数量
1	DJ16	三相鼠笼式异步电动机（△/220V）	1
2	DJ24	三相鼠笼式异步电动机（△/220V）	1
3	D61	继电接触控制挂箱（一）	1
4	D62	继电接触控制挂箱（二）	1
5	D41	三相可调电阻箱	1
6	D32	交流电流表	1

2. 屏上挂件排列顺序

屏上挂件排列顺序：D41、D61、D62、D32。

三、实验方法

1. 手动接触器控制串电阻降压启动控制电路

把三相可调电压调至线电压220V，按下屏上"停止"按钮。按图6-11接线，图中 FR_1、SB_1、SB_2、SB_3、KM_1、KM_2 选用 D61 挂件，FU_1、FU_2、FU_3、FU_4、Q_1 选用 D62 挂件，R 选用 D41 上 180Ω 电阻，电流表选用 D32 上 3A 挡，电动机选用 DJ24（△/220V）。

（1）按下"启动"按钮，合上 Q_1 开关，接通220V交流电源。

（2）按下 SB_1，观察并记录电动机串电阻启动运行情况、电流表读数。

（3）按下 SB_2，观察并记录电动机全压运行情况、电流表读数。

（4）按下 SB_3 使电机停转后，按住 SB_2 不放，再同时按下 SB_1，观察并记录全压启动时电动机和接触器运行情况、电流表读数。

（5）试比较 $I_{串电阻}/I_{直接}=$ ＿＿＿＿＿＿，并分析差异原因。

2. 时间继电器控制串电阻降压启动控制电路

关断电源后，按图6-12接线，图中 FR_1、SB_1、SB_2、KM_1、KM_2、KT_1 选用 D61 挂件，FU_1、FU_2、FU_3、FU_4、Q_1 选用 D62 挂件，R 选用 D41 上 180Ω 电阻，电流表选用 D32 上 2.5A 挡，电动机选用 DJ24（△/220V）。

（1）启动电源，合上 Q_1，接通220V交流电源。

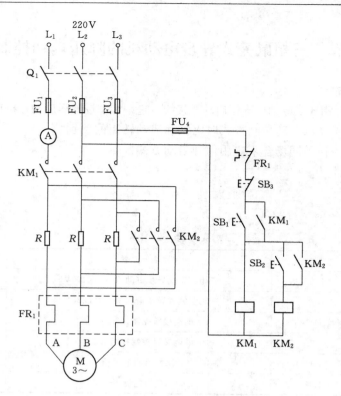

图 6-11 手动接触器控制串电阻降压启动控制电路

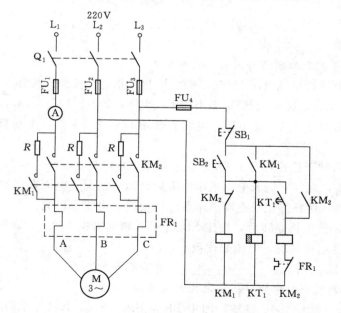

图 6-12 时间继电器控制串电阻降压启动控制电路

（2）**按下** SB₂，观察并记录电动机串电阻启动时各接触器吸合情况、电动机运行状态、电流表读数。

（3）隔一段时间，时间继电器 KT_1 吸合后，观察并记录电动机全压运行时各接触器吸合情况、电动机运行状态、电流表读数。

3. 接触器控制 Y-△降压启动控制电路

关断电源后，按图 6-13 接线，图中 SB_1、SB_2、SB_3、KM_1、KM_2、KM_3、FR_1 选用 D61 挂件，FU_1、FU_2、FU_3、FU_4、Q_1 选用 D62 挂件，电流表选用 D32 上 2.5A 挡，电机选用 DJ24（△/220V）。

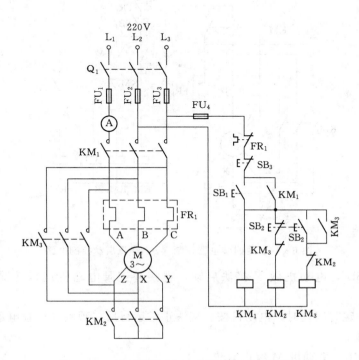

图 6-13 接触器控制 Y-△降压启动控制电路

（1）启动控制屏，合上 Q_1，接通 220V 交流电源。

（2）按下 SB_1，电动机做 Y 接法启动，注意观察启动时，电流表最大读数 $I_{Y启动}$ = _____ A。

（3）按下 SB_2，使电动机为 △ 接法正常运行，注意观察 △ 运行时，电流表电流 $I_{△运行}$ = _____ A。

（4）按 SB_3 停止后，先按下 SB_2，再同时按下启动按钮 SB_1，观察电动机在△接法直接启动时电流表最大读数 $I_{△启动}$ = _____ A。

（5）比较 $I_{Y启动}/I_{△启动}$ = _____，并分析差异原因。

4. 时间继电器控制 Y-△降压启动控制电路

关断电源后，按图 6-14 接线，图中 SB_1、SB_2、KM_1、KM_2、KM_3、KT_1、FR_1 选用 D61 挂件，FU_1、FU_2、FU_3、FU_4、Q_1 选用 D62 挂件，电流表选用 D32 上 2.5A 挡，电动机选用 DJ24（△/220V）。

（1）启动控制屏，合上 Q_1，接通 220V 三相交流电源。

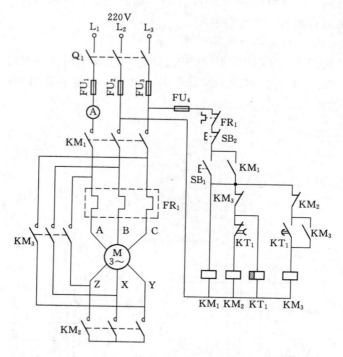

图 6-14 时间继电器控制 Y-△降压启动控制电路

（2）按下 SB$_1$，电动机做 Y 接法启动，观察并记录电动机运行情况和交流电流表读数。

（3）经过一定时间延时，电动机按△接法正常运行后，观察并记录电动机运行情况和交流电流表读数。

（4）按下 SB$_2$，电动机 M 停止运转。

四、思考题

（1）画出图 6-11～图 6-14 的工作原理流程图。

（2）时间继电器在图 6-12 和图 6-14 中的作用是什么？

（3）图 6-12 中串电阻方法比图 6-11 有什么优点？

（4）采用 Y-△降压启动的方法时对电动机有何要求？

（5）降压启动的最终目的是控制什么物理量？

（6）降压启动的自动控制与手动控制电路相比，有哪些优点？

第五节 三相绕线式异步电动机的启动控制电路

一、实验目的

（1）通过对三相绕线式异步电动机的启动控制电路的实际安装接线，掌握由电路原理图接成实际操作电路的方法。

（2）熟练掌握三相绕线式异步电动机的启动应用场合及其特点。

二、选用组件

1. 实验设备

实验设备见表 6-5。

表 6-5 实验设备

序号	型号	名 称	数量
1	D61	继电接触控制挂箱（一）	1
2	D62	继电接触控制挂箱（二）	1
3	D41	三相可调电阻箱	1
4	D32	交流电流表	1
5	DJ17	三相绕线式异步电动机（Y/220）	1

2. 屏上挂件排列顺序

屏上挂件排列顺序：D61、D62、D32、D41。

三、实验方法

将可调三相输出调至 220V 线电压输出，再按下"停止"按钮切断电源后，按图 6-15 接线。图中 SB_1、SB_2、KM_1、KM_2、FR_1、KT_1 选用 D61 挂件，FU_1、FU_2、FU_3、FU_4、Q_1 选用 D62 挂件，R 选用 D41 上 180Ω 电阻，安培表选用 D32 上 1A 挡。经检查无误后，按下列步骤操作：

（1）按下"启动"按钮，合上开关 Q_1，接通 220V 三相交流电源。

（2）按下 SB_1，观察并记录电动机 M 的运转情况。电动机启动时电流表的最大读数为_____ A。

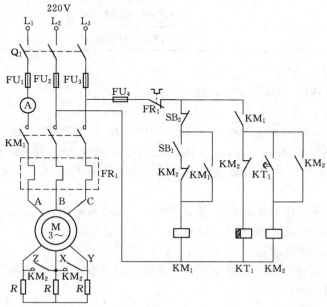

图 6-15 时间继电器控制绕线式异步电动机启动控制电路

（3）经过一段时间延时，启动电阻被切除后，电流表的读数为_____A。

（4）按下 SB_2，电动机停转后，用导线把电动机转子短接。

（5）再按下 SB_1，记录电动机启动时电流表的最大读数为_____A。

四、思考题

（1）三相绕线式异步电动机转子串电阻可以减小启动电流、提高功率因数增加启动转矩外，还有何作用？

（2）三相绕线式电动机的启动方法有哪几种？什么叫频敏变阻器，有何特点？

第六节　三相异步电动机能耗制动控制电路

一、实验目的

（1）通过能耗制动的实际接线，了解能耗制动的特点和适用的范围。

（2）充分掌握能耗制动的原理。

二、选用组件

1. 实验设备

实验设备见表 6-6。

表 6-6　　　　　　　　　　　　　　实 验 设 备

序号	型号	名　　称	数量
1	DJ16	三相鼠笼式异步电动机（△/220V）	1
2	D31	直流数字电压、毫安、电流表	1
3	D61	继电接触控制挂箱（一）	1
4	D62	继电接触控制挂箱（二）	1
5	D41	三相可调电阻箱	1

2. 屏上挂件排列顺序

屏上挂件排列顺序：D31、D61、D62、D41。

三、实验方法

开启交流电源，将三相输出线电压调至 220V，按下"停止"按钮，按图 6-16 接线。图中 SB_1、SB_2、KM_1、KM_2、KT_1、FR_1、T、B、R 选用 D61 挂件，FU_1、FU_2、FU_3、FU_4、Q_1 选用 D62 挂件，安培表选用 D31 上 5A 挡。经检查无误后，按以下步骤通电操作：

（1）启动控制屏，合上开关 Q_1，接通 220V 三相交流电源。

（2）调节时间继电器，使延时时间为 5s。

（3）按下 SB_1，使电动机 M 启动运转。

（4）待电动机运转稳定后，按下 SB_2，观察并记录电动机 M 从按下 SB_2 起至电动机停止旋转的能耗制动时间。

四、思考题

（1）能耗制动的制动原理有什么特点？适用于哪些场合？

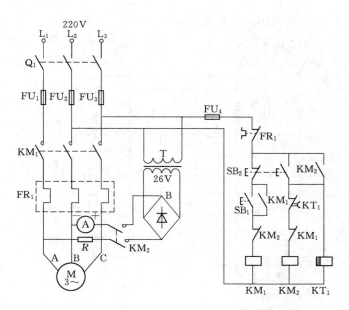

图 6-16　异步电动机能耗制动控制电路

（2）画出图 6-16 的原理流程图。

第七节　三相异步电动机单向启动及反接制动控制电路

一、实验目的

通过反接制动的实际接线，了解反接制动的特点和适用范围。

二、选用组件

1、实验设备

实验设备见表 6-7。

表 6-7　　　　　　　　　　　　实　验　设　备

序号	型　号	规　　　格	数量
1	DJ24	三相鼠笼式异步电动机（△/220V）	1
2	D61	继电接触控制挂箱（一）	1
3	D41	三相可调电阻箱	1
4	D51	波形测试及开关板	1

2. 屏上挂件排列顺序

屏上挂件排列顺序：D51、D61、D41。

三、实验方法

按下启动按钮，调节控制屏左侧调压旋钮使输出线电压为 220V，然后按下停止按钮。

按照图 6-17 接线，图中 SB$_1$、SB$_2$、SB$_3$（模拟速度继电器）、FR、KM$_1$、KM$_2$ 选用 D61

挂件，R 选用 D41 上 180Ω 电阻，QS 选用 D51 挂件。

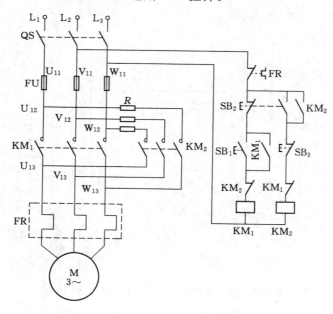

图 6-17 单向启动及反接制动控制电路

按下控制屏上的启动按钮，接通电源。合上开关 QS。

动作过程分析如下：

电动机的启动过程：

电动机的反接制动过程：

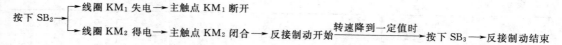

四、思考题

（1）分析反接制动的特点以及适用场合。

（2）速度继电器在反接制动中起到什么作用？

（3）试画出电动机反转时的反接制动电路图及原理流程图。

第八节 两地控制电路

一、实验目的

（1）掌握两地控制的特点，使学生对机床控制中两地控制有感性的认识。

（2）通过对此实验的接线，掌握两地控制在机床控制中的应用场合。

二、选用组件

1. 实验设备

实验设备见表 6-8。

表 6-8   实 验 设 备

序号	型号	名　　　称	数量
1	DJ24	三相鼠笼式异步电动机（△/220V）	1
2	D61	继电接触控制挂箱（一）	1
3	D62	继电接触控制挂箱（二）	1

2. 屏上挂件排列顺序

屏上挂件排列顺序：D61、D62。

三、实验方法

在确保断电情况下按图 6-18 接线，图中 SB_1、SB_2、SB_3、KM_1、FR_1 选用 D61 挂件，Q_1、FU_1、FU_2、FU_3、FU_4、SB_4 选用 D62 挂件，电动机选用 DJ24（△/220V）。

（1）按下屏上启动按钮，合上开关 Q_1，接通 220V 三相交流电源。

（2）按下 SB_2，观察电动机及接触器运行状况。

（3）按下 SB_1，观察电动机及接触器运行状况。

（4）按下 SB_4，观察电动机及接触器运行状况。

（5）按下 SB_3，观察电动机及接触器运行状况。

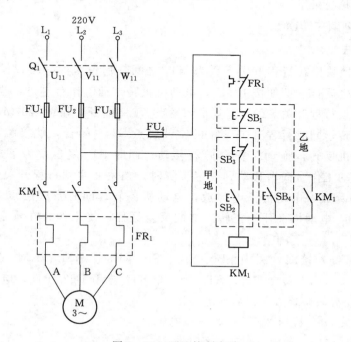

图 6-18　两地控制电路

四、思考题

（1）什么叫两地控制？两地控制有何特点？

（2）两地控制电路的接线原则是什么？

第九节　工作台自动往返循环控制电路

一、实验目的

（1）通过对工作台自动往返循环控制电路的实际安装接线，掌握由电气原理图变换成安装接线图的方法、掌握行程控制中行程开关的作用及其在机床电路中的应用。

（2）通过实验进一步加深自动往返循环控制在机床电路中的应用场合。

二、选用挂件

1. 实验设备

实验设备见表 6-9。

表 6-9　　　　　　　　　　　　实　验　设　备

序号	型号	名　　称	数量
1	DJ24	三相鼠笼式异步电动机（△/220V）	1
2	D61	继电接触控制挂箱（一）	1
3	D62	继电接触控制挂箱（二）	1

2. 屏上挂件排列顺序

屏上挂件排列顺序：D61、D62。

三、实验方法

当工作台的挡块停在行程开关 ST_1 和 ST_2 之间任何位置时，可以按下任一启动按钮 SB_1 或 SB_2 使之运行。例如按下 SB_1，电动机正转带动工作台左进，当工作台到达终点时挡块压下终点行程开关 ST_1，使其常闭触点 ST_{1-1} 断开，接触器 KM_1 因线圈断电而释放，电动机停转；同时行程开关 ST_1 的常开触点 ST_{1-2} 闭合，使接触器 KM_2 通电吸合且自锁，电动机反转，拖动工作台向右移动；同时 ST_1 复位，为下次正转做准备，当电动机反转拖动工作台向右移动到一定位置时，挡块 2 碰到行程开关 ST_2，使 ST_{2-1} 断开，KM_2 断电释放，电动机停电释放，电动机停转；同时常开触点 ST_{2-2} 闭合，使 KM_1 通电并自锁，电动机又开始正转。如此反复循环，使工作台在预定行程内自动反复运动。

按图 6-19（a）接线，图中 SB_1、SB_2、SB_3、FR_1、KM_1、KM_2 选用 D61 挂件，FU_1、FU_2、FU_3、FU_4、Q_1、ST_1、ST_2、ST_3、ST_4 选用 D62 挂件，电动机选用 DJ24（△/220V）。经指导教师检查无误后通电操作：

（1）合上开关 Q_1，接通 220V 三相交流电源。

（2）按下 SB_1 按钮，使电动机正转约 10s。

（3）用手按下 ST_1（模拟工作台左进到终点，挡块压下行程开关 ST_1），观察电动机应停止正转并变为反转。

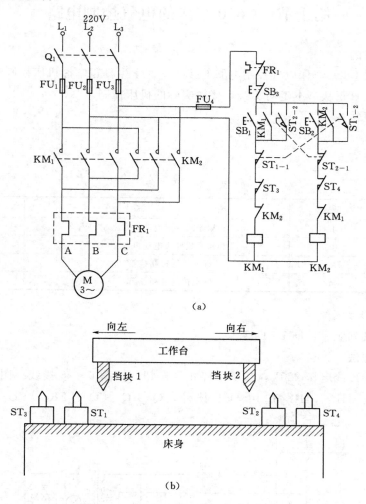

图 6-19 工作台自动往返循环控制电路

（a）控制线路；（b）示意图

（4）反转约 30s，用手压 ST_2（模拟工作台右进到终点，挡块压下行程开关 ST_2），观察电动机应停止反转并变为正转。

（5）正转 10s 后按下 ST_3 和反转 10s 后按下 ST_4，观察电动机运转情况。

（6）重复上述步骤，线路应能正常工作。

四、思考题

（1）行程开关主要用于什么场合？它运用什么来达到行程控制？行程开关一般安装在什么位置？

（2）图 6-19 中 ST_3、ST_4 在行程控制中起什么作用？

（3）列举几种限位保护的机床控制实例。

第十节　C620车床的电气控制电路

一、实验目的

（1）通过对C620车床电气控制电路的接线，使学生真正掌握机床控制的原理。

（2）使学生真正从书本走向实践，接触实际的机床控制。

二、选用组件

1. 实验设备

实验设备见表6-10。

表6-10

实 验 设 备

序号	型号	名　称	数量
1	DJ16	三相鼠笼式异步电动机（△/220V）	1
2	DJ24	三相鼠笼式异步电动机（△/220V）	1
3	D61	继电接触控制挂箱（一）	1
4	D62	继电接触控制挂箱（二）	1

2. 屏上挂件排列顺序

屏上挂件排列顺序：D61、D62。

三、实验方法

调节三相输出线电压220V，按下"停止"按钮，按图6-20接线。图中FR$_1$、SB$_1$、SB$_2$、KM$_1$、T、HL$_1$、HL$_2$选用D61挂件，Q$_1$、Q$_2$、Q$_3$、FR$_2$、FU$_1$、FU$_2$、FU$_3$、

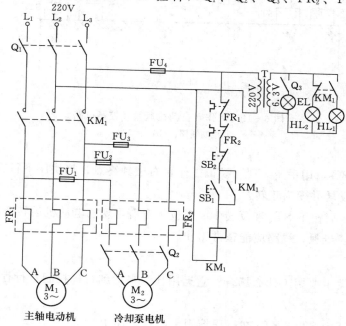

图6-20　C620车床的电气控制电路

FU$_4$、EL 选用 D62 挂件，电动机 M$_1$ 选用 DJ16（△/220V），电动机 M$_2$ 选用 DJ24（△/220V）。接线完毕，检查无误后，按以下步骤操作：

（1）启动控制屏，合上开关 Q$_1$，接通 220V 交流电源。

（2）按下 SB$_1$ 按钮，KM$_1$ 通电吸合，主轴电动机 M$_1$ 启动运转。

（3）合上开关 Q$_2$，冷却泵电动机 M$_2$ 启动运转。

（4）按下 SB$_2$ 按钮，KM$_1$ 线圈断电，主轴电动机 M$_1$ 断电停止运转，同时冷却泵电动机 M$_2$ 也停止运转。

注意：图中 EL 为机床工作灯，由开关 Q$_3$ 控制。

四、思考题

（1）试分析冷却泵电动机为什么接在 KM$_1$ 下面。

（2）C620 车床控制电路具有什么保护？

第十一节　电动葫芦的电气控制电路

一、实验目的

（1）学习并掌握电动葫芦的提升和移行机构电气控制的方法。

（2）学习用限位开关对三相异步电动机进行能耗制动并观察其制动效果。

二、选用组件

1. 实验设备

实验设备见表 6-11。

表 6-11　　　　　　　　　　　　实 验 设 备

序号	型号	名　　称	数量
1	D61	继电接触控制挂箱（一）	1
2	D62	继电接触控制挂箱（二）	1
3	DJ16	三相鼠笼式异步电动机（△/220V）	1
4	DJ24	三相鼠笼式异步电动机（△/220V）	1

2. 屏上挂件排列顺序

屏上挂件排列顺序 D61、D62。

三、实验方法

（1）调节三相可调输出线电压 220V，按下"停止"按钮，按图 6-21 接线，图中 SB$_1$、SB$_2$、SB$_3$、KM$_1$、KM$_2$、KM$_3$、FR$_1$、T、B、R 选用 D61 挂件，Q$_1$、FU$_1$、FU$_2$、FU$_3$、FU$_4$、KA$_1$、KA$_2$、SB$_4$、ST$_1$ 选用 D62 挂件，电动机 M$_1$ 选用 DJ16（△/220V），电动机 M$_2$ 选用 DJ24（△/220V）。先对热继电器的整定电流进行调整，调整在电动机 M$_1$ 的额定电流 0.5A 位置。

（2）电动机 M$_1$ 装在导轨上，电动机 M$_2$ 放在实验桌的台面上，分别模拟升降、移行电动机。

（3）线路连接完成，经指导教师检查无误后，方可按下列步骤进行通电实验。假定电

动机 M_1 提升为顺时针转向，电动机 M_2 向前移行为顺时针转向，则按下 SB_1 及 SB_3 应符合转向要求，若不符合要求，应调整相序使电动机转向符合顺时针的假定要求。

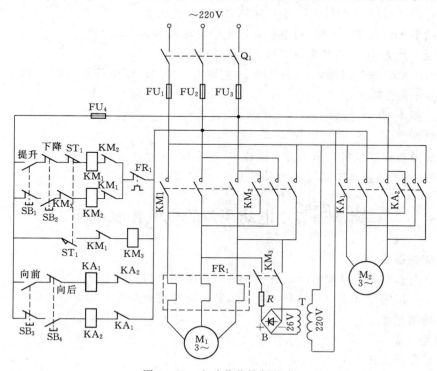

图 6-21　电动葫芦控制电路

（4）按下 SB_2 及 SB_4、M_1 及 M_2 的转向应符合逆时针转向要求，在电动机 M_1 运转的状态下，按下 ST_1 即对电动机能耗制动，观察电动机应很快停转，以模拟实际电葫芦的升降电动机停机时，必须有制动电磁铁（即抱闸）将其轴卡住，能使重物悬挂在空中。

（5）再次操作各按钮，先按下 SB_2，电动机 M_1 逆时针转向（下降），再按下 SB_3，电动机 M_2 顺时针转向（向前），改为按下 SB_4，电动机 M_2 逆时针转向（向后），松开各按钮，电动机应停止运转；按下 SB_1，电动机 M_1 顺时针运转（提升），按 10s（模拟电动机已提升到最高位），此时按下 ST_1（模拟提升到最高位碰撞限位开关 ST_1），电动机应很快停止运转。

（6）为了在实际操作中保证安全，要求每次只按下一个按钮，以使重物升降时不做移行运行，或在移行运行时不使重物做升降运动。也可设想在电路中加联锁使操作更安全。

四、思考题

（1）为什么在电动葫芦控制电路中，按钮要采用点动控制？

（2）在图 6-21 中，行程开关 ST_1 起到什么作用？

第十二节　三相异步电动机双向启动及反接制动控制电路

一、实验目的

（1）通过反接制动的实际接线，了解反接制动的特点和适用的范围。

（2）充分掌握反接制动的原理。

二、选用组件

1. 实验设备

实验设备见表6-12。

表6-12 实 验 设 备

序号	型号	名 称	数量
1	DJ16	三相鼠笼式异步电动机（△/220V）	1
2	DJ24	三相鼠笼式异步电动机（△/220V）	1
3	D41	三相可调电阻箱	1
4	D61	继电接触控制挂箱（一）	1
5	D62	继电接触控制挂箱（二）	1
6	D63	继电接触控制挂箱（三）	1

2. 屏上挂件排列顺序

屏上挂件排列顺序：D61、D62、D63、D41。

三、实验方法

调节三相可调输出线电压220V，按下"停止"按钮，按图6-22接线。图中SB_1、

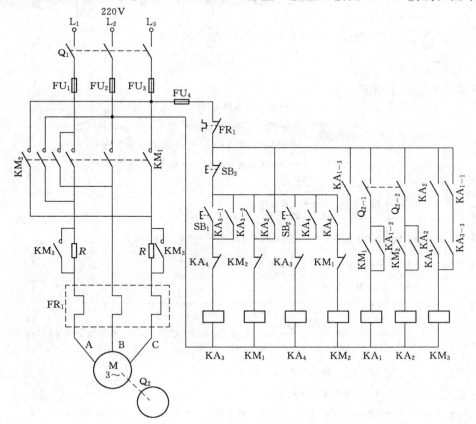

图6-22 双向启动反接制动控制电路

SB_2、SB_3、FR_1、KM_1、KM_2、KM_3 选用 D61 挂件，KA_1、KA_2、Q_1、Q_2（模拟速度继电器）、FU_1、FU_2、FU_3、FU_4 选用 D62 挂件，KA_3、KA_4 选用 D63 挂件，R 选用 D41 上 180Ω 电阻，电动机选用 DJ16（△/220V）［或 DJ24（△/220V）］。经检查无误后按以下步骤通电操作：启动控制屏，合上开关 Q_1。

正转启动过程见图 6-23。

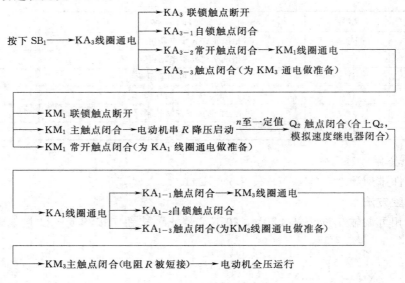

图 6-23 正转启动过程

停车制动过程见图 6-24。

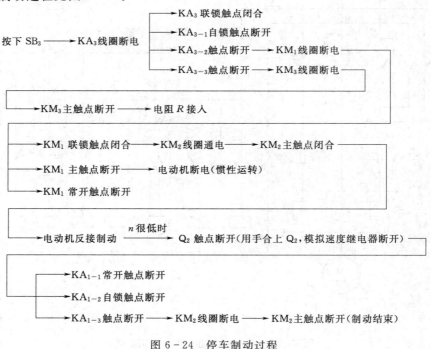

图 6-24 停车制动过程

四、思考题

（1）反接制动的制动原理有什么特点？适用在哪些场合？

（2）速度继电器在反接制动中起什么作用？

（3）画出图 6-22 中电动机反转时的反接制动原理流程图。

第十三节　双速异步电动机的控制电路

一、实验目的

（1）掌握由电路原理图换接成实际操作接线的方法。

（2）掌握双速异步电动机定子绕组接法不同时转速的差异。

二、选用组件

1. 实验设备

实验设备见表 6-13。

表 6-13　　　　　　　　　　　　　　实 验 设 备

序号	型号	名　　称	数量
1	D61	继电接触控制挂箱（一）	1
2	D62	继电接触控制挂箱（二）	1
3	D63	继电接触控制挂箱（三）	1
4	D32	交流电流表	1
5	DJ22	双速异步电动机	1

2. 屏上挂件排列顺序

屏上挂件排列顺序：D61、D62、D63、D32。

三、实验方法

1. 断电延时时间继电器控制双速电动机自动加速控制电路

启动控制屏将三相调压输出调至三相线电压 220V 输出，按下"停止"按钮，按图 6-25 接线。图中 SB_1、SB_2、KM_1、KM_2 选用 D61 挂件，FU_1、FU_2、FU_3、FU_4、Q_1、KA_1 选用 D62 挂件，KT_2 选用 D63 挂件，电流表选用 D32 上 3A 挡，电动机选用 DJ22。经检查无误后按以下步骤操作：

（1）启动电源，按下 SB_2，电动机按三角形接法启动，观察并记录电动机转速和电流表最大读数为_____ A。

（2）经过一段时间延时后，电动机按双星形接法运行，观察并记录电动机转速和电流表读数为_____ A。

（3）按下 SB_1，电动机停止运转。

2. 通电延时时间继电器控制双速电动机自动加速控制电路

启动控制屏将三相调压输出调至三相线电压 220V 输出，按下"停止"按钮，按图 6-26 接线。图中 SB_1、SB_2、KM_1、KM_2、KM_3、KT_1 选用 D61 挂件，FU_1、FU_2、FU_3、FU_4、Q_1 选用 D62 挂件，电流表选用 D32 上 3A 挡，电动机选用 DJ22。经检查无

误后重复 1. 中的实验步骤。

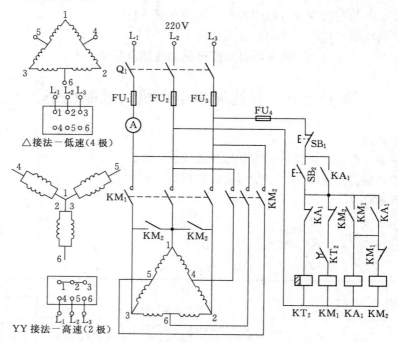

图 6-25　断电延时时间继电器控制双速电动机自动加速控制电路

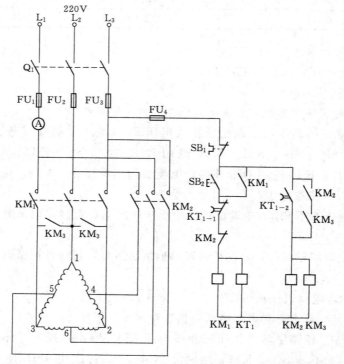

图 6-26　通电延时时间继电器控制双速电动机自动加速控制电路

四、思考题

(1) 双速电动机靠改变什么来改变转速？

(2) 通过以上两个实验，比较断电延时时间继电器与通电延时时间继电器的异同点。

(3) 从三角形接法换接成双星形接法应注意哪些问题？

第十四节　M7130平面磨床的电气控制电路

一、实验目的

(1) 通过对 M7130 平面磨床的电气控制电路的实际接线和操作，初步掌握磨床的基本工作原理。

(2) 熟悉平面磨床一些独特的控制电路。

二、选用组件

1. 实验设备

实验设备见表 6 - 14。

表 6 - 14　　　　　　　　　　　　实　验　设　备

序号	型号	名　　称	数量
1	DJ16	三相鼠笼式异步电动机（△/220V）	1
2	DJ24	三相鼠笼式异步电动机（△/220V）	1
3	DJ17	三相绕线式电动机（Y/220V）	1
4	D51	波形测试及开关板	1
5	D61	继电接触控制挂箱（一）	1
6	D62	继电接触控制挂箱（二）	1
7	D63	继电接触控制挂箱（三）	1

2. 屏上挂件排列顺序

屏上挂件排列顺序：D61、D62、D63、D51。

三、实验方法

调节三相可调输出线电压 220V，按下"停止"按钮，按图 6 - 27 接线。图中 FR_1、SB_1、SB_2、SB_3、KM_1、KM_2、KM_3 选用 D61 挂件，FR_2、KA_1、Q_1、Q_2、SB_4、ST_1、ST_2、ST_3、ST_4 选用 D62 挂件，SB_5 选用 D63 挂件，Q_3 选用 D51 挂件，电动机 M_1 选用 DJ16（△/220V），电动机 M2 选用 DJ24（△/220V），电动机 M_3 选用 DJ17（Y/220V）。接线完毕检查无误后，按以下步骤操作：

(1) 按下"启动"按钮，合上 Q_1，接通三相交流电源。

(2) 转换开关 Q_3 打在吸合位置，中间继电器 KA_1 吸合（用 KA_1 模拟欠电流继电器吸合，并模拟电磁吸盘吸合）。

(3) 按下 SB_1、KM_1 通电吸合，M_1 砂轮电动机启动运行，合上开关 Q_2，冷却泵电

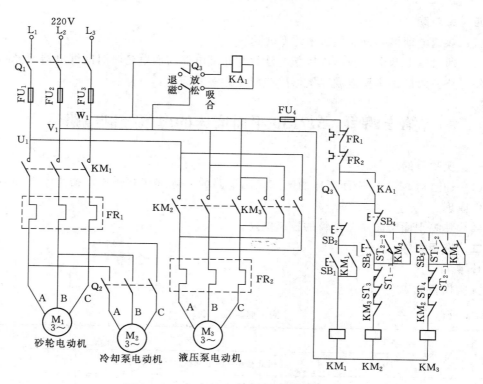

图 6 - 27　M7130 平面磨床的电气控制电路

动机 M_2 启动运行。

（4）按下 SB_3、KM_2 通电吸合，液压泵电动机 M_3 启动运转，观察 M_3 转向。运转 5s 后，用手按下 ST_1（模拟工作台左行到一定位置压下行程开关 ST_1），观察电动机 M_3 转向；再运转 5s 后，用手按下 ST_2（模拟工作台右行到一定位置压下行程开关 ST_2），观察电动机 M_3 转向；运转 5s，再用手按下 ST_3（模拟工作台左行到极限位置，行程开关 ST_1 损坏不起作用时压下 ST_3），电动机 M_3 应停止运行。

（5）按下 SB_5、KM_3 通电吸合，液压泵电动机 M_3 启动运转，观察 M_3 转向。运转 5s 后，用手按下 ST_2（模拟工作台右行到一定位置压下行程开关 ST_2），观察电动机 M_3 转向；再运转 5s 后，用手按下 ST_1（模拟工作台左行到一定位置压下行程开关 ST_1），观察电动机 M_3 转向；运转 5s，再用手按下 ST_4（模拟工作台右行到极限位置，行程开关 ST_2 损坏不起作用时压下 ST_4），电动机 M_3 应停止运行。

按步骤（4）再操作一遍。

（6）按下 SB_4，液压泵电动机停止运行，再按下 SB_2，砂轮电动机 M_1 和冷却泵电动机 M_2 停止运转。

四、思考题

（1）图 6 - 27 中液压泵控制回路属于什么控制电路？

（2）在实际工厂机床中，电磁吸盘接通的应是什么电源？为什么？

（3）M7130 平面磨床的电气控制电路有哪些具体保护措施？

第十五节　X62W 铣床模拟控制电路的调试分析

一、实验目的

（1）熟悉 X62W 万能铣床模拟控制电路及其操作。

（2）通过实验掌握铣床电气设备的调试，故障分析及排除故障的方法。

二、选用组件

1. 实验设备

实验设备见表 6-15。

表 6-15　　　　　　　　　　　　实 验 设 备

序号	型号	名　　称	数量
1	D51	波形测试及开关板	1
2	D61	继电接触控制挂箱（一）	1
3	D62	继电接触控制挂箱（二）	1
4	D63	继电接触控制挂箱（三）	1
5	DJ16	三相鼠笼式异步电动机（△/220V）	1
6	DJ24	三相鼠笼式异步电动机（△/220V）	1

2. 屏上挂件排列顺序

屏上挂件排列顺序：D61、D62、D63、D51。

三、实验方法

按图 6-28 接线，其中电动机 M_1 选用 DJ24（△/220V），电动机 M_2 选用 DJ16（△/220V），KM_1、KM_2、KM_3、FR_1、SB_1、SB_2、SB_3、T、B、R 选用 D61 组件，Q_1、Q_2、

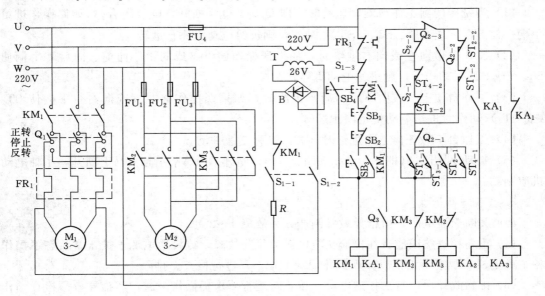

图 6-28　X62W 铣床控制电路

Q_3、SB_4、FU_1、FU_2、FU_3、FU_4、ST_1、ST_2、ST_3、ST_4、KA_1、KA_2 选用 D62 组件，KA_3 选用 D63 组件，S_1、S_2 选用 D51 组件。

1. 电动机控制

接好线后，仔细查对有无错接、漏接，各开关位置是否符合要求，检查无误后先对主轴电动机及进给电动机进行操作控制。

（1）主轴电动机控制。

1）按交流电源接通按钮 SB_3，操作 Q_1 开关，对主轴的正转（假定为逆时针）反转（假定为顺时针）进行预选，按下 SB_1 或 SB_2 电动机停止运转。

2）按启动按钮 SB_3，观察主轴电动机应启动运转，并符合假定的正、反转要求。

3）变速冲动：在停机情况下，按下 SB_4 实现主轴电动机的冲动，便于齿轮的啮合。

（2）进给电机控制。

1）圆工作台工作：Q_2 开关置于圆工作台接通位置（即 Q_{2-1}、Q_{2-3} 断开，Q_{2-2} 闭合），主轴电动机启动情况下，进给电动机正转；Q_2 开关置于圆工作台断开位置时（即 Q_{2-2} 断开，Q_{2-1}、Q_{2-3} 闭合），进给电动机停止运转。

2）工作台纵向进给：Q_2 开关置于圆工作台断开位置（即 Q_{2-1}、Q_{2-3} 闭合，Q_{2-2} 断开），操作 ST_1 或 ST_2（使 ST_{1-1} 闭合或 ST_{2-1} 闭合），进给电动机应正转或反转运行。

3）工作台横向及垂直进给：Q_2 开关置于圆工作台断开位置（即 Q_{2-2} 断开，Q_{2-1}、Q_{2-3} 闭合），操作 ST_3 或 ST_4（使 ST_{3-1} 闭合或 ST_{4-1} 闭合），进给电动机应正转或反转运行，实现工作台横向或垂直进给。

4）工作台快速移动。在主轴电动机正常运转，工作台有进给运动的情况下，若合上开关 Q_3，则 KA_2 吸合（模拟电磁铁动作），工作台快速移动。

2. 验证工作台各运动方向间的机电互锁

（1）当铣床的圆工作台旋转运动时（即 Q_{2-1}、Q_{2-3} 断开，Q_{2-2} 闭合），如误操作进给手柄，使 ST_1（或 ST_2、ST_3、ST_4）动作，则进给电动机停止运转。

（2）工作台做向左或向右进给时，如果误操作向下（或向上、向前、向后）手柄使 ST_3（或 ST_4）动作时，则进给电动机停转。

（3）工作台向上（或向下、向后）进给时，如果误操作向左（或向右）手柄使 ST_1（或 ST_2）动作时进给电动机也停止运转。

（4）工作台不做任何方向进给时，方可进行变速冲动。

（5）拨动 S_1 开关（即 S_{1-1}、S_{1-2} 闭合，S_{1-3} 断开），KM_1 主触头马上断开，主轴电动机应制动。

3. 查找与排除故障

（1）关断交流电源，由指导教师制造人为故障 1～2 处。

（2）重新检查接线能否在接通交流电源前排除故障，或接通电源，按正常状态下操作各主令电器，观察不正常故障现象并记录下来，再进行检查、排除。

（3）排除故障后，再次接通电源，按正常运行要求仍操作一遍，经指导教师检查动作正常后，断开电源，拆掉所有连接线，做好结束整理工作。

四、思考题

（1）电源相序接反了，有没有危险？如何处理？

（2）电动机旋转方向与要求不符合如何处理？

（3）列出试验中出现的不正常现象并分析其原因。

第十六节　直流电动机启动

一、实验目的

（1）掌握电动机的并励接线方法。

（2）掌握直流电动机的启动方法。

（3）通过对直流电动机的串电阻启动控制电路的接线，掌握电气原理图变换成安装接线图的知识。

二、实验设备

实验设备见表 6 - 16。

表 6 - 16　　　　　　　　　　　　实 验 设 备

序号	型号	名　　称	数量
1	DJ15 或 DJ25	直流他励电动机	1
2	D31	直流数字电压、毫安、电流表	1
3	D44	可调电阻器、电容器	1
4	D60	直流电气控制	1
5	D61	继电接触控制（一）	1

三、实验方法

按下控制屏上的"启动"按钮，调节控制屏左侧调压器旋钮调节三相调压输出使三相整流输出直流电压为 220V，按下"停止"按钮。按图 6 - 29 接线，交流 220V 接至控制屏的固定输出端 U_1 和 N_1。图中 SB_1、SB_2、KM_1、KM_2、KT 选用 D61 挂件，KI_1、KI_2 选用 D60 挂件，R 选用 D44 上两只 90Ω 串联共 180Ω 电阻，测量仪表选用 D31 挂件上对应的仪表，电动机选用 DJ15。按照图 6 - 29 进行查线，经检查无误后按以下步骤操作：

（1）按下控制屏上的"启动"按钮，欠电流继电器 KI_2 常开触头闭合，按下启动按钮 SB_2，KM_1 通电并自锁，主触点闭合，接通电动机电枢电源，直流电动机串电阻启动。

（2）经过一段延时后，KT 的延时闭合触点闭合，KM_2 线圈通电，常开触头闭合，短接电阻 R 使电动机全压运行，启动过程结束。

（3）按下停止按钮 SB_1，KM_1、KM_2、KT 断电，电动机停止运转。

四、思考题

（1）直流电动机串电阻启动适用于什么场合？

（2）在图 6 - 29 中 KI_1、KI_2 分别起什么作用？

（3）串电阻启动的最终目的是控制什么物理量？为什么？

（4）试画出直流电动机串二级电阻按时间原则启动控制电路，并分析其工作流程。

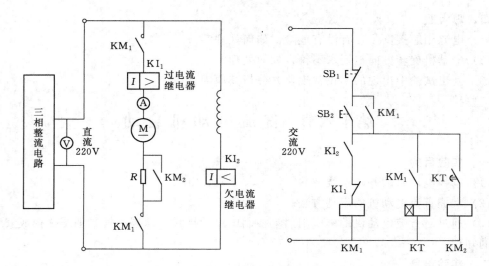

图 6-29 直流电动机的启动控制电路

第十七节 直流电动机调速

一、实验目的

（1）掌握直流电动机的调速方法。

（2）掌握主令开关在电气控制电路中的换接。

二、实验设备

实验设备见表 6-17。

表 6-17 实 验 设 备

序号	规格	名　称	数量
1	DJ15 或 DJ25	直流他励电动机	1
2	D31	直流数字电压、毫安、电流表	1
3	D44	可调电阻箱	1
4	D60	直流电气控制	1
5	D61	继电接触控制（一）	1

三、实验方法

启动控制屏调节三相调压输出使三相整流输出直流电压为 220V，按下"停止"按钮，按图 6-30 接线，交流 220V 接至控制屏的固定输出端 U_1 和 N_1。图中 KM_1、KM_2 选用 D61 挂件，SA、KI_1、KI_2、KA 选用 D60 挂件，R 选用 D44 上两只 90Ω 串联共 180Ω 电阻，R_2 选用 D44 上两只 900Ω 串联共 1800Ω 电阻，直流电流表选用 D31 挂件上对应的仪表，电动机选用 DJ15。按图 6-30 把线路接好，经检查无误后按以下步骤操作：

（1）把主令开关打在"0"位置，电阻 R_2 阻值打到最小位置。按下控制屏上的"启动"按钮，这时欠电流继电器 KI_2 常开触点闭合，同时中间继电器 KA 通电，常开触头闭

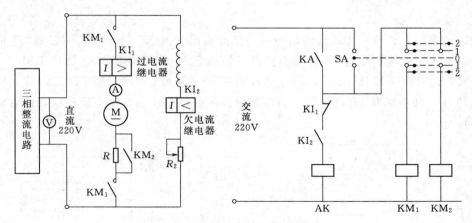

图 6-30 直流电动机调速控制电路

合自锁,为直流电动机电枢串电阻启动做好准备工作。

(2) 把主令开关打在"1"位置,继电器 KM_1 通电,常开触头闭合,直流电动机电枢串电阻启动运转。

(3) 把主令开关打在"2"位置,KM_2 通电,切除电枢串电阻,电动机全压运行。

(4) 调节电阻 R_2,使其阻值逐渐增大,观察电动机的运转速度有什么变化。

(5) 把主令开关从"2"位置扳至"0"位置,然后按下控制屏上的"停止"按钮,电动机停止运转。

四、思考题

(1) 主令开关有哪些特点?

(2) 直流电动机常见的调速方法有哪几种?

第十八节 直流电动机的正反转

一、实验目的

(1) 掌握电动机的正反转控制原理。

(2) 掌握利用改变电枢电压极性来改变直流电动机旋转方向的控制电路。

二、实验设备

实验设备见表 6-18。

表 6-18   实 验 设 备

序号	规格	名 称	数量
1	DJ25	直流他励电动机	1
2	D31	数字电压、毫安、电流表	1
3	D44	可调电阻器、电容器	1
4	D60	直流电气控制	1
5	D61	继电接触控制(一)	1
6	D62	继电接触控制(二)	1

三、实验方法

启动控制屏，调节三相调压输出使三相整流输出直流电压为220V，按下"停止"按钮，按图6-31接线，交流220V接至控制屏的固定输出端 U_1 和 N_1。图中 KM_1、KM_2、KM_3、KT选用D61挂件，KI_1、KI_2、KA选用D60挂件，KM_5选用D62挂件，R选用D44上两只90Ω串联共180Ω电阻，直流测量仪表选用D31挂件上对应的仪表，电动机选用DJ25。

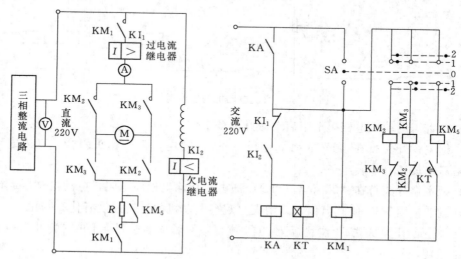

图6-31　直流电动机的正反转控制电路

图6-31中，电动机的反转控制是利用改变电枢电压极性来达到的。主令开关SA的手柄向右（正转），接通接触器 KM_2，电枢电压为左负右正。当手柄向左（反转）接通接触器 KM_2 电枢电压为左正右负，这样就改变了电枢电压的极性，而他励绕组的电流方向没有变，所以实现了反转控制。电路的动作过程如下：

（1）把主令开关SA打在"0"位置，按下控制屏上的"启动"按钮，继电器 KM_1 通电常开触头闭合，为电动机启动做准备，欠电流继电器的常开触头闭合，继电器KA通电并自锁。

（2）把主令开关SA打在右边"1"位置，接触器 KM_2 通电，电动机电枢串电阻正转启动。

（3）把主令开关SA打在右边"2"位置，接触器 KM_5 就通电，切除电枢所串的电阻全压运行。

（4）把主令开关SA从"2"位置打到"0"位置，按下控制屏上的"停止"按钮，电动机停止运转。

（5）电动机的反转与正转类似，只是主令开关SA在"0"位置时往左边转动打在左边的"1""2"位置。

四、思考题

改变直流电动机旋转方向有哪两种方法？对于频繁正反向运行的电动机，常用哪种方法？为什么？

第十九节 直流电动机的正反转带能耗制动

一、实验目的

掌握直流电动机的能耗制动方法。

二、实验设备

实验设备见表 6－19。

表 6－19　　　　　　　　　　　　　实 验 设 备

序号	型号	名　　称	数量
1	DJ15 或 DJ25	直流他励电动机	1
2	D31	直流数字电压、毫安、电流表	1
3	D44	可调电阻器、电容器	1
4	D60	直流电气控制	1
5	D61	继电接触控制（一）	1
6	D62	继电接触控制（二）	1

三、实验方法

启动控制屏调节三相调压输出使三相整流输出直流电压为 220V，按下"停止"按钮，按图 6－32 接线，交流 220V 接至控制屏的固定输出端 U_1 和 N_1。图中 KM_1、KM_2、KM_2 选用 D61 挂件，SA、KI_1、KI_2、KA_R、KA_L、KA 选用 D60 挂件，KM_4、KM_5 选用 D62 挂件，R_1 选用 D44 上两只 90Ω 串联共 180Ω 电阻，R_2 选用 D61 上 10Ω 电阻，直流电流表选用 D31 挂件上对应的仪表，电动机选用 DJ15。按图 6－32 检查电路是否接好。

电动机启动时电路工作情况与正常直流电动机相同，停车时采用能耗制动，且利用电压继电器 KA_R 或 KA_L 控制，它们的线圈在工作时与电动机电枢并联，它反映电动机电枢电压即转速的变化，所以说它是用转速原则来控制的。电路的动作过程如下：

（1）把主令开关 SA 打在"0"位置，按下控制屏上的"启动"按钮，继电器 KM_1 通电常开触头闭合，为电动机启动做准备，欠电流继电器的常开触头闭合，继电器 KA 通电并自锁。

（2）把主令开关 SA 打在右边"1"位置，接触器 KM_2 通电，电动机电枢串电阻正转启动；正向制动继电器 KA_R 线圈通电吸合并自锁，为制动接触器 KM_4 通电做好准备，同时常闭触头断开，与反转接触器 KM_2 联锁。

（3）把主令开关 SA 打在右边"2"位置，接触器 KM_5 就通电，切除电枢所串的电阻全压运行。

（4）当停车制动时，将主令开关 SA 手柄由正转位置扳到零位，这时 KM_2 线圈断电，切断电枢直流电源，此时电动机因惯性仍以较高速度旋转，电枢两端仍有一定电压，并联在电枢两端的 KA_R 经自锁触点仍保持通电，使 KM_4 通电，将电阻 R_2 并接在电枢两端，故转速急剧下降。随着制动过程的进行，其电枢电势也随着转速下降到一定程度时，就使

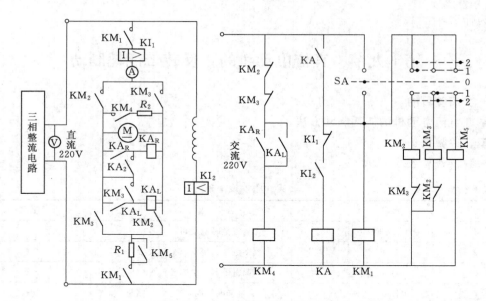

图 6-32　直流电动机正反转带能耗控制线路

KA$_R$ 释放，KM$_4$ 断电，电动机能耗制动结束，电路恢复到原始状态，以准备重新启动。

（5）电动机的反转与正转类似，只是主令开关 SA 在"0"位置时往左边转动打在左边的"1""2"位置，其停车的制动过程与上述过程相似，不同的只是利用继电器 KA$_L$ 来控制。

（6）当用主令开关手柄从正转扳到反转时，电路本身能保证先进行能耗制动，后改变转向。这时利用继电器 KA$_R$ 在制动结束以前一直处于吸合状态，从而断开了反转接触器 KM$_2$ 线圈的回路，故即使主令开关处于反转第"1"挡，也不能接通反转接触器。当主令开关从反转瞬时扳到正转时，情况类似。

四、思考题

（1）直流电动机电气制动有哪三种方法？

（2）试画出反接制动的控制电路图。